新創空間的
10 × 10 堂
創業實作課

張家銘 著

Soho、coworking到裂變式創業，
找到有趣的空間，連結有趣的人，
創造有趣的事，還能賺錢！

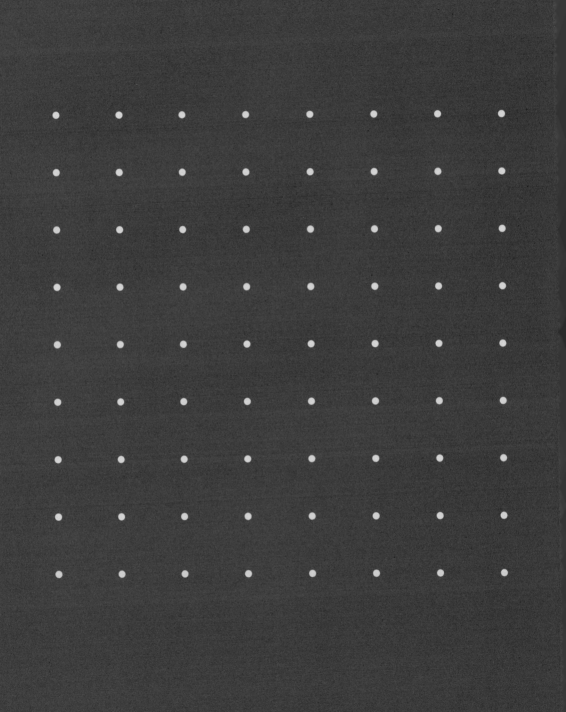

自序

打從2010年6月，創業至今已經六個年頭。

一開始只是單純的想要讓不動產這件事情再有趣一點，雖然現在旅途還剛起步，但回頭去看值得欣慰一點就是「毋忘初心」。

創業是需要衝動的，但能堅持下去就一定要有「理性」做基礎，我們從單純的仲介帶看到進化成「自媒體」提供R news 給空間創業者，同時，藉著月聚會把會員組織起來形成R club協助會員之間彼此交流與合作，同時也從會員當中挑選出資深的業師組成 R 智庫（R think tank），運用業師豐富的經驗與資源協助年輕的創業家解決難題。同時，我們也不斷地花時間培育R school，希望培育更多對空間產業有興趣的年輕學生與業界接軌。

每一個服務都是透過不斷的觀察與訪談「使用者」而一個接一個自然產生的，我要在這裡感謝所有寫信給我們的朋友，因為你我才知道我們還需要做什麼，我更感謝付費支持我們的會員夥伴們，希望我們能一起共同完成更多有趣的空間夢。

今天很辛苦，明天很辛苦，後天會很美好。我是這樣不斷鼓勵自己的，如果你也對「空間創業」有興趣，這條路上我們可以一起走，歡迎加入我們！

目錄 Contents

PART 1
找到有趣的空間

16

PART 2

連結有趣的人

五行創業人才專訪

PART 3

創造有趣的事，還能賺錢

以五個有趣的空間帶出文創空間的新形態

● 一個初心：
● 友善地對待空間，所有的空間就會變得有趣了！

人們對於「空間」和「不動產」的想像力還是極度匱乏，並且單調得可憐。為什麼會有這樣的體悟？這和我的背景有直接的關聯，它關係到我的初心，對於空間和不動產的最原始悸動。

工程硬底子，五體不滿足

我，張家銘，最後的學歷是台科大土木工程系，一共念了七年，退伍後，直接進入一間業界某知名的建設公司，擔任現場工程師。以建造新成屋為主要項目，全台灣第一大建商，有多厲害呢？在興盛時期時，假使一年有十萬戶新成屋，其中他們就占了一萬戶，也就是十分之一！

其擁有多品牌經營的策略，旗下大約有27間左右的公司，並且仍持續長大中；他們最擅長的就是，在重劃區做年輕人的首購新成屋，蓋了許多地下三層樓，地上十五層樓的標準型房屋，對一個企業而言，追求規格化和標準化是必須的，成本和利潤的計算

都能相對精準，易於掌控；但是，在累積多年的建設公司工作經驗下來，實在覺得挺「無聊」。

它是一個無限的循環：買土地→蓋房子→賣房子，不僅房子蓋得大同小異，整個流程也毫無新意。自用住宅的經營也是過於單一化，沒有什麼有趣的地方，蓋著制式化的空間，賣給那些看似有選擇，可其實也沒有太多選擇的「自購族」，容我再說一次，對我來說：真的是太、無、趣。很多會跑去創業的人就是這樣，當你一再重複做同一件事時，心裡都會有一個在吶喊的聲音：我想要去試試看更有意思的做法！我都笑稱，這叫做五體不滿足，當時我就是處在這種狀態。

除了炒房，還有更友善有趣的方式

也待過其工程擔任監造工程師，又到南部做高鐵專案工程師，再回到台北做建設公司的工地主任，卻老是覺得五體不滿足，一直覺得沒有被刺激到，不夠興奮，沒有驅動力。好不容易辛辛苦苦蓋完房子，搬進去的人也不見得按照空間設計的方式去使用，還要東改西改，而房子交手之後，更是永遠與我無關。我開始思考，如何讓空間有更好玩的經營模式呢？

我對空間是有情懷的，不斷想要讓空間再有趣一點、再好玩一點，在追求一種他人也不理解的細微差異，姑且稱之為一種虛幻

的刺激，一種縹緲的感覺，我希望我可以讓不動產工作變得生動活潑又有價值！

某天看到吳東龍推薦《老房子新感動：東京生活空間的再提案（木馬出版）》之書，裡面就在揭示新型態的不動產營運面貌，對我來說，就像是發現新大陸一樣，下定決心就辭職，要開始一個與眾不同的事業！

作者馬場先生來台宣傳書本，我抓緊機會前往請教，才知道原來關鍵點是「仲介」！於是我就再花兩年的時間到仲介業發展學習，累積看房和找房的經驗，以及如何和房客與房東溝通和談判，這段經歷對我來說有很大的幫助，也因此認識找到很多有趣的空間和有趣的房客，更成交好幾則成功的案子，彷彿看見「雋永R不動產」的未來輪廓。

去做一件自己覺得最有趣的事，讓不動產和空間產業結合，做出有趣的商業模式，是我創業的初衷，也是核心精神。

「空間創業」同時結合我的專業和興趣：工學為體，商學為用！我因為具有工程背景，對地產和物件有深厚的了解，跳進仲介業後習得關於租賃與買賣的市場商業模式，兩者加乘後，我打從心底決定要這樣做！

如果我們單一化運用「空間」的方式，淪為買賣甚至炒作而已，空間也將變得了無生趣，倒不如回歸一顆善良的初心，運用想像力，創新的營運模式，以友善又有趣的方式，將在有限的空間裡，創造出無限的可能！

● 兩個堅持：
● 鎖定有趣的、出租中的空間

　　很多時候，你必須要先上路，不是有了夥伴才上路，而是因為你在路上才會有對的夥伴！創業誰不會害怕？但我也是從一張桌子和一台筆電開始，只有真正跳下去做，你才會知道自己的能耐在哪？

2010年雋永R不動產正式開催！

　　我在2010年6月創辦雋永R不動產，最早是以仲介的角色自居，2012年底一些幫助我許多的夥伴陸陸續續出現，網站重新架構，業務員開始招募到位，經紀業登記正式完成。我們花很多時間與房東與房客互動，並且篩選出真正有特色的空間，放在網路上介紹給大家。每天都會有許多人寫信給我們，希望能幫他們找到小型的工作室或理想小店的空間等。

　　但是後來卻應接不暇，我們發覺到有許多的用戶寫信來，公司有時候並沒有辦法完全每一個服務，很多事情往往就不了了之。在經營的過程中，我一直在想，如何「有效地」協助更多朋友找到有趣的空間？找尋有趣空間的這個過程，業界稱之為「開發物

件」！沒錯，這個詞聽起來有點銅臭味，但大家都是出來做生意，不管你被稱為「商人」或「文青」，都和所有創業者一樣，需要賺錢把公司營運起來。

曾聽過一句話：「世界上所有的人就只做兩件事情：『把我腦袋的東西，放進你的腦袋』，以及『把你口袋的東西，放進我的口袋』。」這句話說得沒錯，仔細思考起來，不就是影響別人的思想，並同時要對方付錢來買你提供的價值嗎？因此2015年我們將商業模式以及收費方式做了調整，透過會員制與智庫服務的方式優化整個服務流程。

● 三件事情：
● 找到有趣的空間、連結有趣的人、創造有趣的事

「找到有趣的空間」、「連結有趣的人」、「創造有趣的事」這三件事，是我的核心思想，也是公司的使命，在執行業務的過程當中，必須不斷地回歸到這三件事，不能夠偏離這條軌道，我必須要說，這三件事是互為因果並且緊緊相扣的，而且是有一個順序的，先是找到有趣的空間，挖出有趣的故事記憶，感興趣的人自動會被吸引過來，到時候就會自然而然地成就有趣的事。

只有「有趣」還不夠，還要「有益」

用空間去連結人這件事是非常重要的，因為每個人喜愛的空間不同，就像很多志同道合的朋友總是有一個共通喜好和關注的東西，例如：以食會友，以音樂會友，以黑膠會友等等，我們則是以「空間會友」。

事實上，以特殊空間為主題的社團很多，例如古蹟研究室、老屋社團和廢墟研究社等等主題社團，都是旨在分享有趣空間的訊息。但我想做的不僅僅是一個社團而已，我知道很多人都是想要創業的！恰巧我也是這樣的人，我總覺得沒有什麼事發生很痛苦，所以一定要有什麼事情發生，也就是要有實用性的面向。

進一步地說明，就是有產值和產能，最好能夠談合作、創業或投資等等。有些人可能會想要做非營利的事業，那是另外一回事。我的定位就是開公司，做有意思的事和賺錢營利，聽起來很市儈，但其實是務實而已。

以下我以自己的故事跟大家分享吧！

有趣的空間是創業者的培養皿

剛創業的時候，我兩手空空，沒有能力去承租一間辦公室，加上我一個同事都沒有，不需要其他桌椅；說起來也是緣分，當時

我的學長吳顯二決定要把辦公室搬到一個很酷的地方，在一間老房子裡，它是一棟傳統的街屋，一共有四層樓，一開始是和一間名為秦大琳私房菜的餐廳，共同承租。

學長告訴我，二樓是餐廳，三樓是一個開放空間，四樓是他自己的網路媒體辦公室所在。反正他空間多的是，就好心分給我一張桌子和椅子，那時候的我非常感謝他，終於可以「開始」自己的事業！那時候是2010年，我什麼都不懂，只覺得這棟老屋子真是熱鬧極了，感覺一定會很有趣！

不出所料，四層樓的空間產生一種，我前所未見的混合型空間運用！這裡充滿了許多自由工作者，而每個人都在談創業，很多新創的活動和聚會都在這裡輪番上陣，我也就每天樓上、樓下地到處跑、認識人，從旁觀察和吸取經驗，那種創意與活力是不斷迸發的，好像是你打開了水龍頭，就有清澈甜美的水流出。

當時，我也因為結交了許多朋友，參與了很多的專案，產生了許多的想法，開始對於雋永R不動產要做的事，越來越清楚；這是在我當初加入時，也無法料到，它成為我日後創業的最佳養份來源，雋永的忠實會員和現在的事業合作夥伴都是當時在這棟老房子裡認識的。

現在雋永R不動產就是不斷地協助創造這樣的場景氛圍，再次落實這般的榮景：一個新興的創意基地，它像是個創業者的培養皿，帶來意想不到的豐盛果實。如今「這個」基地因為「都更」的關係已經拆掉了，但我非常慶幸，六年前的自己曾參與這一場

旅程，給我許多難忘的回憶，更找到落實「空間創業」的最佳範本，知道它的價值和意義所在。

三件事持續做，小確幸同樣能和世界接軌

再次重申，找到有趣的空間、連結有趣的人、創造有趣的事，這三件事不斷重複作，絕對可以積累成強而有力的產業動能。我常舉「台灣人愛開咖啡廳」來說明，**我相信台灣將會成為全世界的咖啡廳！小確幸不是錯，開咖啡廳也沒錯，這是台灣積累多年的文化底蘊，我們的確有能力可以成為全世界的咖啡廳。**

你想想，當這麼多人都全心全意投入咖啡廳這個產業時，有多少的專業人才將不斷地出現，2016年的世界咖啡大賽的冠軍不是來自義大利，而是來自台灣！再者，台灣的咖啡廳各異其趣，不僅是藏在巷子或躲在轉角，咖啡廳不僅提供手工烹煮的香醇咖啡，甚至獨家烘培特選豆子，台灣的咖啡廳是多麼不一樣，你沒有察覺嗎？

今天，人們可能不再憧憬著去左岸喝咖啡，或去日本新宿喝咖啡，不再是僅僅去想受那種悠閒的感覺了，像我平日在咖啡廳總能看見「不悠閒」的人們，他們不只是為了咖啡上門，而是在處理工作或開會，有更多時候是在「談生意」。我甚至大膽地假設，世界各地的人會到台灣的咖啡廳來談生意，因為咖啡廳已經成了「生意廳」，誰還在商業大樓裡的日光燈管下談事情呢？

現在人們可能還在嘲笑著「小確幸」，但是如果集結很多小確幸，就能成就一件更龐大的事，成為具有影響力的一股潮流。把在地化作得很深，就越容易和國際化接軌。

今天你去矽谷，可能已經不是要去參觀那些科技公司的總部，而是要到 FB、微軟、AMAZON、youtube的創辦人或員工的家裡面，跟他們聊聊，喝上一杯，所謂的「矽谷文化」咖啡，了解他們是怎麼生活又是如何創業，這樣才夠新鮮！

● 四個流程：
● 找、看、談、簽

工欲善其事，必先利其器，想要連結有趣的人、創造有趣的事、還能賺錢，有四個流程是一定得要掌握：找空間、看空間、談合約、簽約。大部份的人，並不知道這四個流程有多麼重要，只會埋怨找不到好空間，其實，每個流程都需要大量的專業，在簽約之前有許多眉眉角角一定要注意，隨時檢視自己正在哪一個環節，任何一個流程的細節遺漏，都會讓你事後後悔不已。

據崔媽媽基金會統計，2014年1月至11月全台租屋糾紛的件數高達2,154件，表示過去11個月以來，平均每天發生6件以上的糾紛。且觀察整年的案件量，2014年僅統計到11月，已經比2013

年全年的1,860件多出15.8%。這些都是找有趣空間時的難關,也是我這本書要解決的其中一個問題。

表一　因「終止租約」引發租屋糾紛最為常見

名次	糾紛原因	件數(件)
1	終止租約	**426**
2	修繕問題	239
3	押租金返還	198
4	費用欠繳及負擔	172
5	欠繳租金	169

註:1.排名僅列出前5名;2.排名不含糾紛原因為「其他」者,由「其他」引起糾紛件數為473件;3.資料統計自2014.01.01至2014.11.30
資料來源:崔媽媽基金會　整理:林帝佑

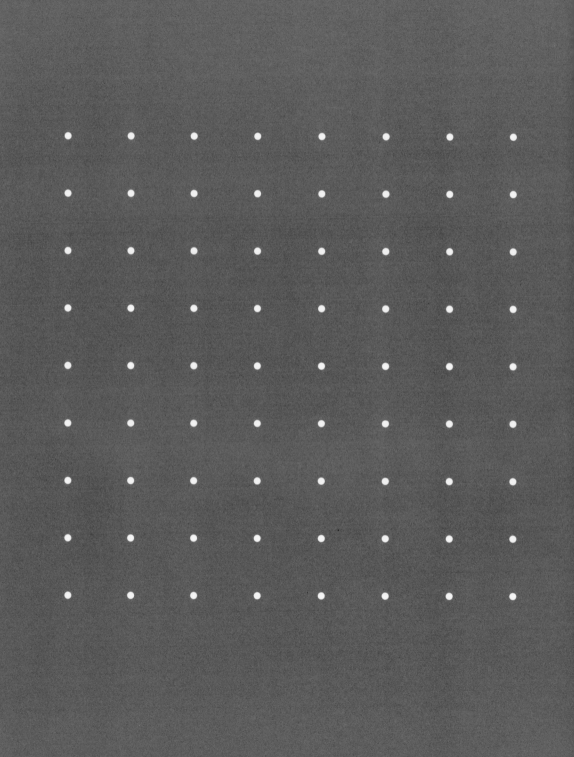

PART 1

找到有趣
的空間

五個重「要」觀念

自從我創辦雋永R不動產網站至今，每天都有無數對空間創有興趣的業者，找我聊，不論是寫信或發訊息，各種問題如雪片般飛來，希望我給他們建議，或希望我幫他們找空間，但實際上，有很多基礎觀念沒有建設好，再多的建議，恐怕也無法幫上忙，為此，我自千頭萬緒裡整出「五個重要觀念」與大家分享。

Point ☆☆☆☆☆

....

1 要瞭解自己的斤兩有多少

2 要懂市場和仲介生態

3 要定位好自己

4 要先有社群才有空間

5 要多元協作與分享

観念1 **要瞭解自己的斤兩有多少？**

秤秤自己的斤兩，不要眼中只有林志玲！創業找空間就像是找交往對象，容我用交女友來舉例子，因為我覺得實在是非常的貼切。當你在找對象時，會有許多複雜的因素，除了自身條件還有

你的標準,當然,還有現實的考量,都會互相影響。假使今天你交到女友,也無法具體分析說明你有多麼努力,很有可能只是「好運到」!所以重點是,要知道自己的優勢和劣勢為何,要秤秤自己的斤兩,真的不要眼中只有林志玲。

從我開始創業,身邊也有朋友在當時口口聲聲說要創業,過了三、四年,我現在都已經有了好幾個據點,他們卻一點消息也沒有,每次問,他們就會說,我還在看,一直沒遇到喜歡;其實很多人都是如此,始終沒有弄清楚現實和理想的差距,遲遲不願意跳下海來做,只動動嘴皮子,想太多但沒有正確觀念,信心也無法建立,當然也無法開始創業。

了解自己的斤兩不是說:我有錢、我有才能就算數,首先要**進行精密「資源盤點」,手上有多少資金(金)?要如何找到好的人才(木)?有哪些互聯網的渠道可以協助產品推廣(水)?是否能提供什麼不可替代的體驗(火)?計畫要用何種方式與地主合作(土)?這幾個問題是從我歸納出的空間創業「五行元素」,建議大家逐一檢視並盤點,自己在這五方面有哪些人脈可以運用?**

在創業過程中,你必須不斷評估與檢驗,並積累屬於五行人才的弱連結,這些我會在後面P.92與大家詳述。

貼心小叮嚀：
小而美本來就很少

找空間首先要搞清楚，市場有什麼，市場沒有什麼？小而美本來就很少，因為建商一開始就沒有在規劃小坪數的，公寓一樓就是三十坪，大一點五十坪，多半是三房兩廳，因為當時大部分的家庭人數都比現在多。除了有些是老形態的房子，會有特殊的格局之外，但多數的建商是不會去規劃小坪數的空間。很多人會說：想要小坪數而且不要太貴。但其實擁有這樣條件的房子不多，或是比例極低，要找到真的不容易。除了努力找與共同價值觀的朋友合力SHARE（分租）大坪數也是我會建議並十分推崇的一種方法。

$\boxed{\text{觀念2}}$

要懂市場與仲介生態

租屋市場跟股票市場類似，總是瞬息萬變，交易快速或是臨時不交易了；今天房東不爽就不租，突然想要給孩子或什麼的，又不租，結果又因為家裡不想要用，後來又決定出租。這種戲碼天天在上演。好屋可遇不可求，最好快狠準，立刻下手，很多房子是你一猶豫，它就不見了。

沒有絕對適合你的事業的空間！創業成功的要素也絕對不會只是因為一間好房子，而是有其他的積累。因此千萬不要單戀一枝花，要懂得隨緣，而你唯一能做的就是繼續努力！

真心相信「下一個一定會更

好」，不要說我只是安慰你，這是個看了5000多間房子的人，給你的忠實建議。

⬠ 房屋仲介不是狼，而是你的好友！

房屋仲介是個我們沒有需求就不會去接觸的人，我們因為未知而感到恐懼，深怕在之中吃了虧，然而在都市化的過程中，他就跟旅行社和遊學代辦一樣，是一個專業的代理人：如果我沒有空，我就委託你幫我訂機票、幫我找學校；房屋仲介則是幫忙處理房子，不動產領域的關鍵就是它！

當我們在找空間時如果自己直接與屋主承租或買賣是不會產生額外的費用，這也是最簡單的方式，但自己並不是總是有機緣有時間直接與屋主接洽，往往只能委託仲介，而只要一透過仲介，有金錢往來，就容易產生糾紛。接下來，將為大家揭開仲介的神秘面紗，包括仲介有哪幾種？隱藏其中的問題又有哪些？該怎麼應對？**這是我們必須了解的角色，才能在找空間的第一過程中就能取得先機。**

仲介有兩種：高專店VS.普專店

仲介依獎金拆分比例分為「高專店」和「普專店」兩種。「高專店」的仲介獎金拿得比較多，是仲介費的50%～70%，是沒有

底薪的，例如一般人所知道的台灣房屋、住商不動產等。「普專店」的仲介是拿仲介費的8～9%，是有底薪的，例如：信X房屋、永X房屋。這對租屋者（也就是俗稱的乙方）有什麼直接的影響呢？

如果今天是要租屋，請仲介幫你找房子，他們怎麼好像都不太積極？還聽說有些案子成了卻不拿錢，這是因為不動產公司在租屋部分是作服務，沒錢賺也不想得罪客人，就會回答：我幫你登錄網站作廣告，但這也許就是個軟釘子。這是因為一般仲介基本上都是靠「買賣交易」來賺錢過日子的，租賃的案子絕對不是主力，無法花太多心思在上面。

仲介的根本問題：單邊代理vs.雙邊代理

我做過市調，大多數開店創業的人都是找仲介，我必須說：這根本是錯誤的觀念！因為你沒有辦法委託一個人，在毫無任何合約下，去做一件事。這根本不是真正的委任，很多人會抱怨仲介都不怎麼理人。因為仲介是跟甲方（屋主）簽約，不是跟乙方（承租方）簽約。

你可能會問：為什麼沒有乙方代理人？主要的原因有二，一是台灣法律不成熟，現在仍然是雙邊代理；二是台灣市場不成熟，

沒有乙方專任委託合約的簽訂。事實上，在全世界很多國家都嚴格規定不能雙邊代理，必須**單邊代理**，**也就是甲方和乙方都要有各自的代理人。**

為什麼不能雙邊代理？舉個簡單例子，如果兩台車相撞發生車禍，兩位車主有可能會聘請同樣一個律師嗎？答案當然是不可能。因為雙方的利益是衝突的，所以不可能共用同一個代理人。但台灣目前則是雙邊代理，也就是說甲乙雙方共同委任同一個仲介（代理人）處理合約，這可以說是非常荒謬的事。

委託方式有2種：一般約vs專任約

通常你會遇到的情形是：屋主，我們常稱之為甲方，甲方如果找了不動產經紀人A，A就是甲的代理人，你偶爾會跟甲直接打交道，也很有可能直接跟A打交道。但市場上的常態是甲用口頭約定了26個經紀人，26個人都可以帶妳去看房子，也都有資格收取仲介費，這樣的情形導致市場會有點小混亂，這就是所謂一般約。

你要知道，英文數字越少其實是越好的，不需同一時間對應很多經紀人，而這些經紀人個別對屋主的掌握程度更難以知曉。假使今天只有A和你對口，也就是屋主簽訂專任約，你只要跟A談

好,就等同於跟屋主談好,不會有太多的溝通問題;但同時,你也要想,當A和屋主關係太好時,很有可能也會犧牲你的權益。

乙方代理人制度尚待推廣

如果甲方跟A簽定了專任委託出租契約,那就代表甲非常信任A,任何人要看房子都得透過A,但實務上更常見的做法並不會簽約,通常僅口頭約定。今天身為乙方的你,也可以自己找個經紀人,委託經紀人幫你協調處理,爭取你要的權益,但這件事情在目前的台灣市場上出現了一些窒礙難行的問題,少有人這麼作。一般而言,甲方委託仲介,會願意簽屬一份委託書,這在台灣已經變成一種大家都知道的常識,可乙方卻不然。

乙方不僅沒有習慣簽屬委託書,遑論有所謂的一般約和專任約,除非今天你要開的是連鎖店,聘僱專業的代理人處理所有租賃事宜。但通常規模不大的企業,一開始找租賃空間,都會遇到相同的問題──沒有仲介在服務你!在台灣,乙方在租賃上仍處於弱勢,實在需要時間和人力去推廣。

⌂ 靠山山倒,靠人人倒,靠自己最好

身為乙方,你要知道沒有乙方代理,但很多人都不知道,總是會到處問人:幫我找一下,幫我看一下。這句話基本就是廢話,

如果真的想要事情能成，就要真正去委任，但乙方代理在台灣的制度又不健全，這時候可以倚賴誰呢？

如果今天你是開連鎖加盟店的企業，可以雇用專業的拓點人員，每天幫你找點、看屋、跟屋主交涉；又或者你是經營跨國企業，花費大筆金額聘請外商地產顧問或委託高級顧問團隊全權處理，你大可雙手拍拍，無事一身輕！但如果你只是一般的空間創業者，很抱歉，你只能靠自己了！

聽過「一萬個小時」的理論嗎？

很多人寫信給我，希望我幫助他們完成空間夢，但是，我發現其實很多人並沒有準備

孤軍奮戰為何行不通？
7大關鍵因素報你知！

① 一般空間創業者因為金額太小，所以找不到乙方代理。

② 連鎖加盟店有in house的拓點人員，跨國企業才請得起專業地產顧問團隊。

③ 代理不是嘴巴說說，要有制式委任合約。

④ 乙方代理人制度不成熟，市場少見。

⑤ 因為看屋經驗薄弱，乙方其實不知道自己要什麼（都說要找A，結果後來都是Z）。

⑥ 在台灣仲介是服務甲方的，乙方通常權益受損。

⑦ 仲介是靠交易佣金維生，常常會為了交易而交易，產生壞交易。

好。其中我覺得大家最缺乏的就是對空間的經驗，我認為你如果想要完成你的空間夢，你一定要有「一萬個小時的努力」。這個理論並不陌生，很多成功的人都建議你要花上一萬個小時，才能在某個領域成為專家。這是一個屬於你自己的事業，你不要以為可以打個電話給仲介，說：麻煩幫我找個空間吧！我想做點生意。這件事情根本上就是個笑話。**空間創業這件事情是開創一個事業，這事情沒有辦法委外**就跟結婚一樣，你得自己慢慢找，多增加「碰撞」渠道。

觀念3 **要定位好自己**

創業的第一步，永遠是要「定位好自己」，一言以蔽之，就是：「你要做的是什麼事？」。但要怎麼做呢？怎樣才算是「定位」完成呢？強烈建議可以使用「創業九宮格」，它是一個可以幫助你檢視自己的好工具。又稱「商業模式圖」，是由《獲利世代（Business Model Generation）》的作者 Alexander Osterwalder 與其團隊所提出，系統化地歸納出商業模式必要的九大要素，如何藉由聚焦在市場需求，讓企業得以獲利。

這九大要素包括：

① 目標客層（Customer Segments, CS）：一個企業或組織所服務的特定客群。

② 價值主張（Value Propositions, VP）：秉持何種價值主張去解決顧客的問題，且同時滿足顧客的需要。

③ 通路（Channels, CH）：價值主張經過溝通、配送及銷售通路，傳遞至顧客端。

④ 顧客關係（Customer Relationships, CR）：如何與目標客層建立並維繫各別的顧客關係。

⑤ 收益流（Revenue Streams, R$）：價值主張成功地提供給客戶後，即可取得收益流。

⑥ 關鍵資源（Key Resources, KR）：針對目標客群，藉由通路，傳達出價值主張，建立顧客關係，創造出收益流，這一連串過程中所需要的資產，即為關鍵資源。

⑦ 關鍵活動（Key Activities, KA）：運用關鍵資源所執行的活動，便是關鍵活動。

⑧ 關鍵合作夥伴（Key Partnership, KP）：執行活動時，會需要借重外部資源或和由組織外取得的資源。

⑨ 成本結構（Cost Structure, C$）：不同的商業模式將形塑不同的成本結構。

運用創業九宮格，隨時檢視！（以雋永不動產為例）

關鍵合作夥伴	關鍵活動	價值主張	顧客關係	目標客層
屋主是我們的關鍵合作夥伴，讓我們可以不斷發掘有趣且願意出租的空間。	R團隊每週定期採訪有趣且正在出租的空間，並且與會員做深度的訪談，瞭解其需求，協助找到理想空間。	空間創業者所需要的我們都可協助解決，我們希望協助更多人完成「空間夢」。	我們透過固定每月線下的聚會，與我們的會員做深度的交流。	對空間創業有興趣的朋友都是我們的潛在會員，例如：咖啡店、餐廳、民宿、旅館、商務中心、獨立書店、個人工作室等等。
	關鍵資源		通路	
	R智庫的資深業師，可以協助新進會員解決創業問題。		雋永R不動產官網（http://restatelife.com/）。	

成本結構	收益流
雋永R不動產 是純勞務的公司，會員費是我們最主要的收入，扣除人事管銷後，就是我們的盈餘。	會員入會，每人需繳交會費3000元。

⌂ 成功關鍵：你的產品價值所在？

除了自我定位之外，產品定位更是決定你事業的成敗！要了解你的所經營生意的重點在哪？在「空間」、「時間」、「價值交換」和「人」各有怎麼樣的目標設定？例如：你的顧客（人）在這個「空間」花費多少「時間」獲得「什麼」？舉咖啡廳來說，

今天你提供的環境和咖啡，讓客人願意花多少錢來換得，是他覺得合理的價值？

◇ 對外說文學，對內說數學的黃金法則

空間營運者必須採取「對外說文學，對內說數學」的策略，出去外面要宣揚理念，**回到公司內就要算帳，包括成本和營收，不能關於錢和預算都講得不清不楚，不然我敢說，這樣你的生意必定不成**。而營收可區分主要收益來源和次要收益來源，想要異業合作和多角化經營絕對沒有問題，問題是資源有限、人力有限，要把力氣花在效益高的地方。

現在很多空間創業都在談所謂的「複合式空間」，**真正在營運時，要了解主和副是什麼**？不是說，今天將零售和餐飲咖啡結合，就是所謂的新空間創業，它是一種很多可能性和多元合作共生模式，因此產品定位就很重要。吃與喝幾乎是空間營運最能夠直接獲利的項目，但今天如果你強調的是**複合式經營，那麼比例的拿捏就格外重要，否則很容易會失焦**。

因此，知道自己的長處與短處，要明白哪些合作可以帶來哪些短期和長遠的效益。必需懂得拒絕很多不可行的機會，學會選擇值得可行的合作，抓準成本和營收，絕對不可以鬆手。所謂的

「坪效」和「營業額」是必須時時檢視的，**千萬不能有「地點好，我可以追加預算」的錯誤觀念，營運是要講求精確數據。**

觀念4　**要先有社群才有空間**

空間最需要的就是「社群」，也就是你如何接觸你的「目標客層」！一定要先找到「目標社群」！可以透過網站或FB活動頁舉辦活動，以google表單去測試和回收，就能夠實驗出你所想的「那一群人」是否存在？又有著什麼樣的特性和需求。

⌂ **線上找人，線下聚會，找出潛在商機**

藉由一個網站、一個表單、一個活動，做實驗找出MVP，累積出有效的數據和資料。找到對的主題，吸引對的人群聚，透過多次的線上討論以及線下聚會，確保你能掌握社群的能量，而因為現在社交網絡很發達，卻很容易有萬人按讚，一人到場的狀況，因此必須多次實驗。

這也告訴我們**線下聚會的議題掌握精確度相當重要**，這群人喜歡大師講課呢？還是單純吐苦水呢？你多實驗幾次，發現有這樣的一群人，就趕緊去找一個合適的空間，讓這些人能夠有個固定的據點去，善用這群人的能量，不能貿然去找一個空間，一定要

鎖定一個社群！要把實驗結果加以分析，藉由深入了解此族群的用語、關注焦點和潛在需求，去創造和觸發所謂的商機，這需要重複不斷地進行，為自己的事業開拓新的領土。

觀念5 要多元分享與協作

透過與別人的合作，訂閱雜誌，參加社團，加入別的空間或許都是值得跨出的第一步。對事情的想像不要過於單一，你可能會說：「我只是要租個房子，弄個工作室。」可是喜歡的、承租到的空間就是大到80坪，這時候該怎麼辦？好空間難求，你是要放棄或是找到另一條路？你必須要認知，**未來的社會將是多元合作與協作。**

⬠ 孤軍奮戰不如抱團取暖，採取協同合作模式

除了書後面採訪的五個案例，其實市場上的案例也挺多。雋永R不動產網站的眾多會員裡面，據統計約有50%是採取這樣的協同合作模式。不要一心一意只想要擁有「自己的空間」，先去跟別人共用一個空間吧！在迷人的共生空間裡，一起和鄰居們生活著、工作著，有機會認識原本不可能認識的人，累積異想不到的人脈資源。

六個情報來源

你也許會問，雋永R不動產網站上的資料都從哪兒來？這篇就要來為大家揭密，很多人都叫我「情報頭子」，不只是因為我情報多，而是我懂得如何「有效率」地蒐集情報！我的情報來源，是分別從不同的特殊途徑和對象所取得，就如同台灣政府有六大情報部門：國安局、軍情局、憲兵指揮部、調查局、海巡署、警政署，每個部門都有各自擅長的情報專業；而我的六大情報來源就是：馬路、網路、仲介、資料庫、會員、小偵探，仰賴這六大渠道，雋永能源源不絕「挖」出各種有趣且正在出租中的空間。

⬠ 1. 跟著「馬路」走

房子沒有長腳，不會跑來跑去！只要沿著馬路走，就可以有看不完的房子，但也因為房子太多，該如何選擇是大哉問；基本上，處處留心皆學問，不論大馬路或是小巷子都會「不經意」地出現令人驚奇的有趣空間。

一切從散步開始，有目的性地踏出每個腳步

跟大家分享，我是怎麼在馬路上找吧！我一直有散步的習慣，吃飽飯後就會到處晃晃，雋永有很多物件都是在散步的過程中找

到的。城市散步在近年來，是個相當熱門的活動，只是一般人在進行城市散步時，多流於感性和花花草草的紀錄。

而我是感性與理性兼具的人，是有意識地「晃」，要注意「有趣」且「正在出租」的空間，就會更有目的性，會有明確的成就感和反饋。**練習每天關注你覺得有趣的物件，看著看著，也許有一天，它就張貼上出租的訊息了！**

尋找公佈欄在哪裡

很多人可能會忽略最傳統的「公佈欄」，但如果你今天想要蒐集物件情報，公佈欄是絕對需一個關注的點！雖然說，多數公佈欄所張貼的出租訊息僅有文字，沒有照片，但如果看到很多的出租資訊，代表這一區是有機會找到有趣的空間；不妨先把訊息給拍照留念，一一探訪；此外，如果看到買賣房屋的訊息，也不要忽略掉，就經驗分析，很多房東一直買賣不成，後來就乾脆轉租出去。

愛它，就搬過去

如果你對於某一區或某一個空間有興趣，就搬過去住住看吧，會有意想不到的收穫的！雋永剛成立不久的時候，我所找到的有趣房子，很多都是在萬隆區。景美和公館都非常熱鬧，萬隆可說

是鬧中取靜的一區，它鄰近師大分部，靠近有綠樹的河堤，離市區很近，我住在一間老屋子裡，只用一萬塊就獲得20坪大小的空間！住了三、四年，因為常常散步，挖掘了好幾個好有趣的空間。

我當時看了東京R不動產的書《老房子新感動：東京生活空間的再提案》，還不知道應該怎麼著手開始，很慶幸自己是從萬隆起步，住在那邊透過自己去找房東談，把租屋訊息PO在臉書上、真正帶人去看物件，從實踐的過程中累積有深度的經驗，發現人們會對哪些空間有興趣，何為「有趣的空間」？我逐漸清楚，因為人們的確買帳，告訴我說：「你找的物件真的棒！」選擇承租，而不只是口頭說說！

透過在路上觀察或找個地方住下來，不斷地尋覓，它們有時會貼租屋廣告，或是紅布條會掛出來。如果有鐵門拉下來不再營業，就可以問：他們是不做了嗎？有出租者的電話嗎？不要放棄任何可以聊天和問問題的機會。

⬠ 2. 虛擬的路上

現在的生活要素，除了陽光、空氣、水之外，就是「網路」！有大量的資訊在網路上，台灣幾個比較知名的租屋平台，例如：

591、台灣租屋網、好房網、樂租屋、信義好好租、Mix Rent、豬豬快租等，資訊雖然豐富卻也雜亂無章，資訊爆炸跟沒有資訊是一樣的意思，即便想好坐在電腦前，在網路上找到適合的空間，也是個辛苦的工作，長長的網頁讓人看到頭昏眼花！但只要多加入一個網站，多瞄到一個物件，都是機會，抱著這樣的心態很容易迷失，**我要提醒你，租屋平台只是找房的方式之一，不是全部！**

網路世界的抓寶絕竅

首先最重要的是突破租屋平台盲點，我認為最大的盲點在於，人們太過依賴租屋網站，並沒有真正了解「平台的資料和背後機制」！當人們開始找空間的時候，往往會去上591，卻總是覺得這網站好像怪怪的？卻也說不出來所以然，就是因為你不夠了解它，導致你可能會找不到可以讓你開創新事業的理想空間。

今天假設你去圖書館找書，你要知道書的編碼系統，才能夠依循其規則找到你要的書；把591想成一個擁有許多租屋訊息的圖書館，你要怎麼樣找到你想要的那本書呢？我想說的是，**591的數字並不是唯一，但我認為以其目前在台灣的知名度，這樣的數字基本上還是可以當作參考指標之一。根據我長期觀察591來看，跟大家分享我從中觀察到的現象。**

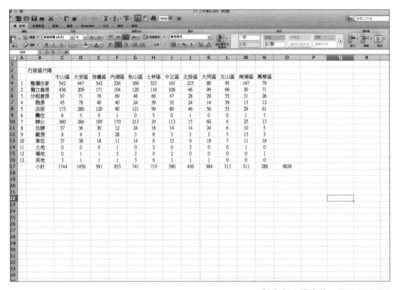

製表者：張家銘，2016.11.08

行政區代碼		中山區	大安區	信義區	內湖區	松山區	士林區	中正區	北投區	大同區	文山區	南港區	萬華區	
1	整層住家	542	447	342	326	169	323	165	225	80	95	147	79	
2	獨立套房	436	209	171	104	120	116	106	66	99	69	30	71	
3	分租套房	97	71	76	69	48	66	47	28	29	55	31	26	
4	雅房	45	78	40	40	24	39	35	24	14	39	13	12	
5	店面	173	280	120	90	121	99	89	46	56	33	29	61	
6	攤位	6	5	0	1	0	1	0	1	0	1	1	1	
7	辦公	360	286	189	170	213	29	113	15	60	6	25	13	
8	住辦	37	36	30	12	24	18	14	14	24	6	10	5	
9	廠房	8	4	3	28	3	8	5	2	3	13	13	5	
10	車位	37	38	18	11	14	8	15	9	19	7	11	16	
11	土地	0	0	0	1	0	2	0	2	0	0	1	0	
12	場地	0	1	1	2	2	0	2	0	0	0	0	1	
13	其他	3	1	1	1	3	0	1	1	0	0	0	0	
	小計	1744	1456	991	855	741	719	590	436	384	313	311	288	8828

從物件「總量」裡找機會

以台北市為例，12區物件數量排名的順序，通常沒有太大變動。排名依序為：中山區→大安區→信義區→內湖區→松山區→士林區→中正區→北投區→大同區→文山區→南港區→萬華區。而前三名都是所謂台北市市中心，亦是地產專家口中的「蛋黃區」，也是大家很熟悉的核心商業區，出了蛋黃區的住辦、店面、攤位的數量都相對少很多，必須在其他類目中搜尋。

蛋黃區不一定
是你的黃金地帶

廣告越多的區域，代表此區的屋主願意花錢刊登廣告，把物件釋放出來，亦說明此區商業活絡，你的選擇也比較多！但仍然要注意自己口袋的預算，以及產業形式是否非得在黃金地帶，也許邊緣的「蛋白區」更適合剛開始創業的你。

有趣空間藏在這四大「空間分類」

一、「整層住家」：公寓藏有無限想像。在表單中可以看到12個行政區，幾乎「整層住家」類都是各行政區的第一名，甚至佔50%以上。只有在大同區，套房的數量＞整層住家的數量。「整層住家」雖然看似住宅使用，但實踐上，依

小提點：
會用和很會用是
兩回事！

但你必需要知道，很多人在刊廣告的時候，容易將物件放在錯誤的分類，這也可能讓你找不到有趣且合適的空間。如果你沒有真正了解這些平台的資訊，就很容易一直在錯誤的方向，結果就是花時間當冤大頭，然後什麼都沒有找到。

台灣的市場觀察，有一定比例是有著商業使用的情形，也就是住商混合的狀況，建議不妨以開放心態去看「整層住家」，華碩四傑在長春路小公寓的創業故事，就是一個極佳的例子，恰好說明「公寓創業」是有著許多的可能性！

二、「**套房**」：**是潛在的工作室空間**。套房包括「獨立套房」跟「分租套房」，物件總量也不少，基本上兩者非常類似，最主要的差別在於，前者有自己的門牌而後者沒有。套房類空間多半是5～6坪，主要由社會單身青年以及學生居住為主，這裡面的空間大多是標準配備，略顯無聊，但還是有一些套房坪數較大，具有7～8坪以上的空間，就很適合拿來當作SOHO族的工作室。

三、「**雅房**」：**有機會連同整層租下**。雖然各區的雅房數量不少，但說實話，除了學生之外，並非市場主流出租項目，加上很多時候是房東想要將空間分租出去，可是對於房客來說，生活品質易受到影響，較少人會願意和房東或他人共用住。我會看一下此類目的原因是，有些房東因為某些原因，可能不將物件刊登在「整層住家」的類別，而是會拆開放在套房和雅房等類別，若房間都沒有出租，很有可能房東會願意整層出租給你。

四、「**其他**」：**極可能是奇妙空間所在**。店面、攤位、住辦的數量都不多，最少的「其他」空間卻是我必看的類目！會歸類在

此區，說明著此空間有些特別之處，對我來說是「奇蹟」的可能發生地。我最常會去勾選「不分區」、「其他」和「住辦」，就很有機會看到很不同的空間，並且依照「最便宜」和「最大坪數」排序，出來的結果通常十分精彩，有著非常多奇奇怪怪的空間！

破解租屋平台優缺點，廣看其他網站

租屋平台的優點就是「即時性」且「物件量高」，但缺點也是「資訊過量」，易有「假廣告」氾濫的情形，很多出租訊息都是出自仲介之手，會被收取交易費用；此外，「物件單一化」也是很大的問題所在，多半以黃金區的店面和小資套房為主，其他區域的訊息

小提點：
行政區和物件種類要熟悉

除了空間分類搞清楚之外，也要知道想找的地點屬於哪個行政區，比方說：天母和大直，這兩個模糊的地理名詞是經常大家會使用的，但實際上並沒有所謂的天母區和大直區，他們分屬士林區和中山區。最後，「錢越少越好、空間越大越好」是搜尋的不二法則！

小提點：
在591買賣找租貸

特別分享一個訣竅，可以在買賣裡面找租賃的機會，因為很多人賣不掉，所以就轉租賃，因此可以在591上面找買賣的房東談看看租賃的機會。

相對很少；而這也是為何不斷有人找上「雋永R不動產」的原因，因為這些主流的租屋平台，並不能滿足空間創業者的需求。

Point ☆☆☆☆☆☆

你也許沒想過這些網站有租屋訊息

1️⃣ 藝響空間網──臺北市政府文化局

2️⃣ 老房子文化運動──臺北市政府文化局

3️⃣ 臺北市政府財政局

4️⃣ 臺北市都市更新處 URS

5️⃣ 交通部臺灣鐵路管理局──場地短期出租

6️⃣ 台灣自來水公司全球資訊網

7️⃣ 國立臺灣大學總務處經營管理組

8️⃣ 財政部國有財產署網站

9️⃣ 雍和藝術教育基金會

🔟 台灣日式宿舍群近來可好公開社團

⓫ 台灣金聯資產管理股份有限公司

⓬ 受保護樹木──臺北市政府文化局

⓭ 建設公司資產清單

⌂ 3. 仲介夥伴合作

雋永R不動產在2012～2014年這個時期的商業模式是「仲介」，一直到2015年才開始進化成「自媒體」模式，因此我們在仲介行業累積了一定的仲介人脈，透過這些仲介夥伴們，我們也可以獲得許多珍貴的情報。跟我們合作的仲介，一定要認同我們的觀念，我們所代表的是乙方委任（和會員收年費），仲介是代表甲方委任（只能和房東收取交易費用）；他們會推薦給我們許多物件的情報，但必須由「雋永R不動產」來審核，我們若認定是有趣的物件，我們會把資訊透過電子報提供給會員！

⌂ 4. 自媒體資料庫

前面提到在2012～2014這些年當中，我們是專注於「仲介模式」的，因此，我們透過每天上街尋找有趣空間並拍照、寫成文章建置成資料庫，累積將近5000筆的空間訊息。大約每一季，我們都會花時間從這些資料庫當中挖寶，空間是固定不變的，房客會來來去去，因為和屋主建立了良好關係，在房客退租後，我們得以再次推廣空間的出租訊息，物件從「承租中」的狀態再度變成「出租中」的狀態，因為我們經營得夠久，可以有所積累，資料庫成為一個不會隨時間抹滅的「珍寶櫃」。

⬠ 5. 會員也是情報員

加入「雋永R不動產」的會員，每週都會獲得最新的空間情報，相對的，會員也會貢獻自己生活周遭的情報；也因為會員們非常瞭解我們要的空間，提供的資訊往往格外寶貴，他們經常會給我很多情報，也會諮詢我的意見，問我這個空間如何？我就像是一個情報頭子，彙整來自各方的資訊。同時，我也會過濾資訊，找到真正的房東，而不是二房東或三房東，畢竟過很多手的資訊，絕對都是破碎的，也很難有機會談成！

⬠ 6. 小偵探祕密聯盟

小偵探也是提供租屋情報的有力幫手！經營雋永R不動產一段時間後，我收到有許多網友的來信，他們非常認同我們在做的事情，同時，也會在休假時到處去散步，觀察有趣的空間；於是，我們著手開始以社團的方式，計畫性地招募、培養一群「都市小偵探」，藉由熱愛探詢空間的人們，一起採集有趣且有用（出租中）的資訊，未來我們更規劃提撥一定比例的經費給此社團成員，幫助這個社群能健康地長大。

　　你會問，這些小偵探是從哪來呢？我們現在和「Cxcity 從我到我們」合作，他們是一個策動群眾參與都市、設計與社會議題的非營利組織，組成的成員皆為「空間專業者」，也就是泛建築、地政、不動產、營建／土木、都市設計領域的相關學生人才；透過與他們的合作，聯手訓練實習生去「找」有趣的空間，學習觀察空間和跟空間的所有權人打交道，實際練習那些課本上不會教的社會課程；小偵探可以累積經驗，我們也能獲得很多意想不到的好情報，這一場合作不僅有趣也有價值。

七個看屋重點

「看屋」不只是和房仲或房東到空間裡走一遭,如何對房屋有基本了解?如何第一時間就抓住房東的心,讓他卸下心房?在看屋時又要準備什麼道具,讓你事半功倍?真正踏進房子裡,有哪七個重點是絕對不能忽略?我一次在本章與大家介紹。

⬠ 看屋前必知清單Check!

☐ 行前閱讀《建築技術規則》

建築物會蓋起來一定是按照建築法規,樓梯設計、門寬等都是有所規定的,不需要讀得滾瓜爛熟,不時翻閱,會對空間和建築物有更深刻的認知!

☐ 同行三寶:手電筒、捲尺、相機

有些空屋會斷電,手電筒可派上用場;捲尺可以隨時丈量;相機可以紀錄空間各部分的細節。

☐ 熟記身體尺寸:身高、間寬、臂長

是可以很快速蒐整空間尺度的方式,就像是我身高180公分、

雙臂展開220公分、肩寬60公分、拳頭10公分，按照比例可短時間大致測量空間長、寬、高。

□看屋四步驟：望、聞、問、切

「望、聞、問、切」是中醫用來收集病史，且瞭解病情的方法，稱為「四診」；這樣的方針套用在看房是最合適不過，觀察建物本身、嗅氣味並聽聲響、問房東或鄰居相關資訊、觸摸牆壁和踩踏地板等，有助於實際了解房屋的過往歷史。

□掌握三況：人況、價況、屋況

「人況」是要瞭解出租者是誰？誰有決定權？要問屋主

小提點：
再次確認細節

關於「看屋」之前的準備清單，也請Check一遍，千萬不要說你懂、你知道，因為你很可能因為錯失一個細節，導致簽了約後才驚覺「千金難買早知道」！

的基本資料和背景，透過閒聊的方式建立彼此信賴。「價況」則是承租的價格帶在哪？有沒有商議的空間？「屋況」則是要問先前房客如何使用？房屋是否有漏水或其他的問題？承租後可否作哪些用途？如：是否可使用廚房或豢養動物等。

□看房後要全身清潔

我自己每次看完房子，回到家都會把衣服和全身洗淨，特別當房子較老舊或久無人居，都會有細菌藏匿其中，自身的清潔工作一定要做足。

重點1 「屋況」比「屋齡」更重要

要知道「屋齡」是一個參考的資料，因為「屋齡」並無正式的算法，是從使用執照開始算起呢？還是建築執照算起呢？這些都說不準，真正重要的是「屋況」，以「屋況」作為首要依據，較有助於判斷房子的實際狀況。

房子可以「老而不破敗，舊而不漏水」，主要是跟原先體質有直接相關，當初施工有做好，房子老但屋況是好的；但也有是可能很新的房子，卻因為施工的疏失，導致體弱多病。唯有房況好，才值得談下去。

重點2 確認房屋是否「罹癌」？

　　如果知道這**房子是「輻射屋」或「海砂屋」，也就是所謂罹患癌症的房子！絕對不可承租**，這類房子不僅救不活，住在裡面也會造成人體健康的危害，相當危險。政府都有建檔可以供民眾查詢，有被列管的癌症房子，都會登記在案。

　　「臺北市建築管理工程處」網站之宣導專區，點選「海砂屋專區」內之「列管清冊及相關法令專區」，再點選「1.高氯離子混凝土建築物（海砂屋）列管名冊」即可查到列管案件地址；以及「行政院原子能委會」網站之「現年劑量達1毫西弗以上輻射屋查詢系統」查詢。

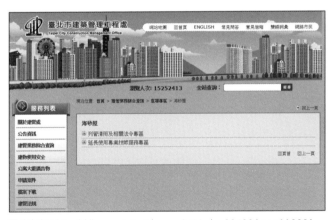

圖片出處：http://dba.gov.taipei/np.asp?ctNode=32428&mp=118021

小提點：
牆能不能拆？
誰說了算？

很多屋主和房客都自以為了解空間，擅自決定拆牆，可能會造成無法彌補的遺憾，一定要有專業技師去判定「拆牆」是不會破壞結構體而造成危險，有疑問就要取得結構技師、土木技師或建築師等專業人士的認可，最好還要簽名負責，以確保已經過「專業評估」。

重點3

柱、樑、版、牆認清楚

建議要對建築體有基本常識，至少把「柱、梁、版、牆」搞懂，跟利害關係人溝通時，才不會雞同鴨講，若有疑問就詢問專業技師，不要提供錯誤的資訊，造成錯誤判斷。此外，柱、梁、版、牆都很重要，就像人的骨骼，不能亂拆：衣服可以少穿，但骨頭一個不能少。牆依材質分為：輕隔間、磚牆、RC牆；依結構行為分為：剪力牆、承重牆。每道牆的存在都有前因後果。

重點4

排水系統檢查與測試

排水狀況一定要測試。首先要找廁所馬桶，測試沖水狀況

是否良好，水流順不順，沖速快不快；如果搬進去時沒有重新檢查，排水系統是埋在地下的管線，要再次施作可是要花上一筆不小的費用，動輒可能就是十幾萬，所以千萬別忘了檢查。其次，就是排水孔，我通常都會拿寶特瓶裝水去澆灌，看水能否順暢地排出，如果有阻塞情形也一定得跟房東反應，等搬進去過後，發現問題就會更難處理。

重點5

樓梯有沒有很好走？

看屋多年，一間老屋的屋況到底好不好，絕對可從「樓梯」作為判斷依據之一，**樓梯好走，屋況就好；樓梯不好走，屋況就不好。**會這樣說是因為，通常在蓋房子時，「樓

小提點：
衛浴愈多套，愈加分！

能多一套「衛浴」設備，這間房子就是加分！如果看到三間衛浴，排水狀況也都很好，那就是挖到寶囉，因為每安裝一套就是一筆錢。除了在衛浴空間，廚房和陽台也都會有排水孔，一定要一一檢視，檢查過後發現堵塞，就一定請房東協助處理；檢察狀況良好，代表房子維護得很好，你在排水系統上不必多花錢。各位特別注意，通常老房子的排水系統都較微弱，承租空間使用時，要和使用者約法三章並註明「不可把衛生紙等任何東西投入馬桶」，否則後果不堪設想。

梯」是相對困難且複雜的施工部分，從中可以看出「工班」的水準和能力；就像你買西瓜，會用指頭去敲打，藉由聲音響亮與否判讀，這西瓜甜不甜？是同樣的道理。

所以不管是電梯大樓或一般公寓，你一定要去「爬樓梯」去感受一下，是否有容易踩空或腳要抬得很高的情形？因為建築法規裡「級高」和「級深」都是有規定的，真的走起來很陡或不穩，就實實在在地說明，這隻梯子作得不好，必須對屋況打折扣。

重點6 天台是否可自由進出？

在台灣，很多房子的天台是被「鎖起來」的，這都是不應該的！因為頂樓是公眾的，並且是逃生使用的通道，應該要保持暢通，所有住戶都能夠自由進出才對。不瞞大家說，我看了很多房子，十棟裡面可能有九棟都有「被占用」的狀況。

這代表什麼呢？一來公共安危堪慮，二來代表你的鄰居之中，可能有比較自私且不顧公共權益的人，這也是判斷鄰居是不是好相處的指標之一，不可忽視。

重點7 地下室是否乾淨清爽？

　　有地下室的大樓或公寓，都一定要跟著屋主或房仲一起下去走一遭，看看有沒有被私下占用？是否有異味？是否乾淨？如果很髒或堆滿垃圾，就代表本棟住戶的品質低落，大家不注重生活品質，也不愛護這間房子；樓梯間是否堆滿私人物件而髒亂？導致他人行走不便？這都隱約透露出鄰居品行道德以及管理單位是否善盡其職。如果今天你要搬進來，為了日後的幸福著想，這些蛛絲馬跡都不可放過。

八個重點文件，檢視物業健康指數！

　　前面說的「外業」，就是出門在外要作的作業！接下來要講，在家關起房門要作的作業就叫「內業」！很多人會以為，只是要創業，**有需要作那麼多功課嗎？答案當然是肯定的！**今天所講的是「空間創業」，這件事跟「實體空間」有非常直接的關係，這八個重點文件，你不能不多加了解，多一分了解就多一分勝出的機會！也可以依此來檢視房屋的健康情形，更進一步推敲出這個屋主是否愛惜和重視這個物業，是個可以合作的屋主。

> **Point** ☆☆☆☆☆
>
> **快速打勾確認 8 個重點文件**
> ❶ □ 門牌
> ❷ □ 使用執照
> ❸ □ 使照副本圖
> ❹ □ 使用分區
> ❺ □ 土地建物謄本
> ❻ □ 關係人身分證
> ❼ □ 違建查報紀錄
> ❽ □ 水電、電信、瓦斯單

第1重點文件 　門牌號碼

　　門牌號碼非常重要，代表這是棟「相對」合法的建築物。所有政府的文件都會依照「門牌」作為依歸和建檔，當要查詢任何關於此房子的任何資訊，都要用「門牌」去查，一定要拍下來或記下來；由於門牌的編碼也相對複雜，例如：12號之1或6之1號，要仔細注意，因為差一點就會差很多。

圖片出處：http://img2.gov.taipei:8082/F100/F100.aspx

第2重點文件 　使用執照

　　我通常會上網用門牌號碼查詢其「使用執照」，「使用執照」就像是一間房子的身分證，會說明當初的建立日期、是誰所蓋，幾層樓。有的時候，房子可能會莫名其妙「多」一層樓，或者更甚者會「多很多」層樓，代表房子有被大幅度地更動過，就要小

心這棟房子可能有問題。

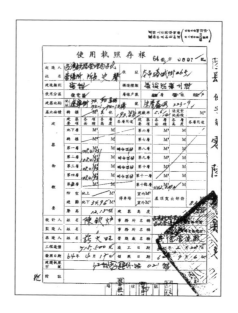

第3重點文件　使用分區

假設你今天喜歡這個空間，你必須要去了解它的背景，知道你將要作的事情，是否符合這塊土地的「屬性」和「用途」，評估在此進行「空間創業」的可能性，真實情況是，很多「房仲」甚至「屋主」根本也不知道這件事！但這是關於建物和土地的遊戲規則，想要玩這場遊戲，就要按照這些規則。不然很可能開了店，經營一段時間之後，因為和當初土地使用目的不符合而被迫要關門，到時候怎麼抗議都沒有用，畢竟你違規在先。

這裡推薦一個『都市計畫使用分區APP』，輸入地址定位查詢，就可以知道這塊土地是屬於「住宅用區」或「商業用區」，如果是前者就是作輕度的使用，例如辦公室或住家，若今天你要在這裡開夜店，是不允許的。最基本的判定方式是，「黃色」代表住宅區或住商混合區，而「紅色」代表商業區，其他更細部的分類也可以稍微注意，以免因為前屋主或房客的「誤用」，你也因此被誤導而「誤用」，無意間違反了法規卻不自知。

小提點：
紅色區價格多半高於黃色區

由於紅色區為商業用途，當然價格會偏高，黃色區屬住宅區或住商混合，價格就相對較低。有的時候隔一條街，價格就差很多，原因就在於原本分屬的土地使用分區的不同。任意使用，是會遭到政府強制停業的。

深灰為紅色區，淺灰為黃色區。

小提點：
小心荒腔走板的空間

我有朋友想承租某棟大樓作青年旅館，但是我們拿著圖去地下室走了一圈，然後嚇都嚇死，趕緊跑出來。因為將使用執照副本圖一打開，發現所畫的是伸降式機械式停車場，但現場卻是迴旋車道，意味當初在蓋的時候，把樑和柱都打掉才有足夠空間去作迴旋車道，並且改成這樣，完全沒有告知政府，跟現存資料不吻合，這是非常嚴重的情況。

第4重點文件
使照副本圖

　　除了查詢土地使用分區之外，為求謹慎起見，「委託跑照」就是調出「使用執照副本圖」，是一件我一定會作的事，看看當初這個房子長什麼模樣。如果今天圖上面畫的是A，你到現場發現也是A，那就皆大歡喜，代表它是按規矩蓋房；如果到現場發現跟A是完全不一樣的B，差異過大時，代表這件事並無經過政府審查，而是善作主張的結果。

　　不是說不能改，全部都要按照A，而是當要修改時也要按照流程申請，作出A1、A2等的修改版本，一一經過政府審核之後才可以執行並同步建檔哦！今天當你在現場「直接」

看到B的時候，就知道這是沒有按照程序蓋的，背後隱藏的事實是：這棟建築並沒有進行例行的安全檢查，所以都沒有人發現這棟樓跟圖上面長得不一樣。**很多人以為「只不過是加支樓梯」或「減少一支樓梯」，但其背後都存在種種法規和安全性的問題。**

第5重點文件 建物土地謄本

建物謄本和土地謄本也都可以透過網路快速查詢到。土地以登記為生效要件，資料調閱主要以「建物騰本」為重，和「土地謄本」一樣，內容主要分三大項：標示部、所有權部、他項權力部。「標示部」指的建物的基本資料，如建物的長、寬、高等；「所有權部」指的是建物的所有者是誰；因為不動產金額很龐大，所有權人很有可能去透過「他方」借貸的方式完成，這時候就會在「他項權力部」裡註明，他方有誰，如果沒有履行歸還貸款等權責，所有權就會交付給他方。

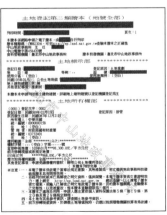

第一類謄本僅供所有權人調閱，擁有最完整的資訊。第二類謄本供一般人調閱。

第6重點文件　關係人身分證

簽約關乎法律保障，一定要確認「謄本」上「所有權人」是誰，他才是承租方要簽約的對象，一定要和真正的所有權人簽約才有保障，有時候會有所謂的委託人，屆時必要檢查「委託書」，但一般而言，委託書很容易造假，因此還是建議找到「所有權人」。在承租空間時，要請對方準備關係人的身分證，並核對所有權人和委託人等相關人員的身分證資料，當有問題發生時，才不會找不到人負責。

第7重點文件　違建查報紀錄

必定要去查詢「違建查報系統」，去了解此房子有沒有被不正當使用，是否有違建紀錄，比方說，這個地方曾經因為蓋遮雨棚被檢舉，今天你承租時，就不可以再有這個念頭，以免再次被檢舉。很多資訊房東不一定會提及，當你能夠在承租前知道，前房客是如何使用這個空間，在此紀錄裡找到蛛絲馬跡，有助於了解房子過往的歷史，警惕自己不要重蹈覆轍。

圖片出處：http://qservice.dba.tcg.gov.tw/squatter/squ_dlg.asp

第8重點文件

水電、電信、瓦斯等資訊

電力、自來水、瓦斯、電信網路的相關資訊也都要一次搞清楚。首先，要知道水電費、瓦斯費、電信網路費用是否有「欠費」？有沒有把所有費用都繳清？未繳清的帳單到最後可能都會算到下一個承租方的身上。其次，必定要記住「認表不認人」！確認「電表」、「水表」、「瓦斯表」位置。有沒有莫名奇妙「拆表」的情形？有的人會因為不想要繳基本的表費，就乾脆連表都拆掉，可一旦你搬進去，就一定得啟用，所以得確實地看到這幾個「表」，確認這個屋主的確是愛惜物業，所有能源都是有正常運作的。

小提點：
房屋稅單也是輔助資料！

你也可以要求屋主拿出「房屋稅單」，它是一個輔助的資料。一般來說，有繳稅代表屋主都有按照政府的規矩走；但有些很老的房子可能是沒有稅單或是沒有使用執照，如果你想承租這個房子，就必須把這些文件補齊，去跑所有流程，否則貿然接收此房子開業，等於在冒一個極大的風險，而這些成本你都願意投入嗎？最好還是確認一下房屋稅單和八大文件資料在哪吧！

小提點：八大文件之外，還有六大網站可看！

現在網路非常發達，很多時候你只要有地址，就可以在第一時間就搜尋到關於此房屋和地區的即時資訊！這裡貢獻六大網站，是我在「看屋前」可以預先查閱的資料站。

1. Google Map
看房子週邊實景和區域概況與相對位置！
圖片出處：https://maps.google.com.tw/

2. Open street map
比Google還要更精細準確的地圖。
圖片出處：http://www.openstreetmap.org/

3. 都更網
可以看出有幾分都更的潛力？
圖片出處：http://www.cityrenew.com.tw/
map_search.php

4. foundi
了解更多關於房地產的相關資訊！
圖片出處：https://www.foundi.info/

5. 經濟部中央地質調查所
查詢這個房子在斷層帶上嗎？
圖片出處：http://www.moeacgs.gov.tw/main.jsp

6. 經濟部商業司（公司及分公司基本資料查詢）
如對方是「法人」身分，可快速檢閱
圖片出處：http://gcis.nat.gov.tw/pub/cmpy/
cmpyInfoListAction.do

絕對成交！一定要學會的九大談判要領

前面所講的「七個看屋重點」和「八個重點文件」主要是讓你從裡到外掌握房屋狀況，蒐整到較完善的資訊，便有利與房東交涉和談判！而到底談判有哪些技巧，才能夠有效掌握全局，拿下這間你想要的房子？我以自身看屋多年的實戰經驗，歸納出九大談判要領，跟大家分享。我喜歡以武俠文學來比喻，這一套是屬於內功的九陰真經，神功大成之後，世上的任何武功都不能加以傷害，因而此套內功必須不斷地練習，從每一次的實作當中累積經驗，就能夠像練功一樣，愈練愈強！

⌂ 在「談判之前」請說好一個故事

每一次的見面都是正式談判的前戲，每一回見面都是加強第一印象，所以非常重要，首先，必須掌握三況（人況、屋況、價況）；其次，準備好你的故事，讓人一聽就知道你是Apple。Apple是房地產經常用的行話，指的是一個優質的合作對象！市場是開放的，一個屋主面試十個承租方，一個承租方會面十個屋主。**如何讓人第一次時間了解你，對你留下好的印象，極為重要。**

通常我都會這樣跟房東說：

「我是**台科大營建系畢業，在建設公司蓋過房子**，也做過房仲，工務面和業務面都很理解，非常熟悉不動產。我現在跟你**承租房子，主要是做住宅用**，你都不用擔心，我一定會讓房子保持在良好的狀態，你也不須擔心，**我都和屋主簽長約，繳租金也都很準時**，簽完約都不太需要見面，很多事情我都能自己搞定。」

聽到關鍵字「工務和業務背景」代表房子不會被搞壞掉，以及口才好生意應該沒問題，又有許多承租經驗，更好的是不用常常見面，錢又可以準時入口袋！這樣的承租方，豈不是Apple？要讓對方知道今天把房子交給你，有哪些好處？可以幫他解決哪些疑慮？可以避免發生哪些問題？

簡單來說，屋主會問，你為什麼要租這間房子？喜歡這間房子的原因？你要做什麼生意？會怎麼營運這個空間？你總不能吱吱唔唔地，沒辦法好好地回答。**要講好一個屬於你自己的故事，讓人家了解你是如何與眾不同，你的強項與特點為何，這有助於在談判前的第一步就站穩！**

⌂ 什麼叫誠意？準備好你的「錢」和「單」

談判時一定要準備「斡旋單」，也就是一張簡單的合約，這是實務上常見的合作方式與內容，重點是還要奉上「斡旋金」！當屋主同意「斡旋單」上面的承租條件，就會把「斡旋金」收下，然後直接轉成「定金」，也就是所謂的「斡轉定」，民法第248條 訂約當事人之一方，由他方受有「定金」時，推定其契約成立；因此只要有定金的來往就代表「交易」具法律效力。

另外一種方法為「邀約書」，也就是把詳細的租賃內容都寫得一清二楚，然後承租方不用付給屋主任何的金錢，僅於這張紙上畫押，同樣具有法律效益。可是一旦屋主後來反悔，想要調漲租金或不予以承租，承租方就必須依照民事的法規走，找律師上法院，這樣的方式固然保護承租方，但是實際執行起來是有難度。

通常實務上的做法，以「斡旋單」和「斡旋金」來進行談判，加上現在很多事情都會在網路上談定，我就會把「斡旋金」實際領出來，準備好「斡旋單」，個別拍照，傳給「甲方代理人」或「屋主」，如果收到照片時，看斡旋單的內容沒有大異議，「斡旋金」又代表了一定的誠意，就會雙方約見面詳談，把斡旋金轉為定金，直接約正式簽約的日期。

斡旋單1

斡旋單2

談判第1招　搞清楚目標和底線！

既然要談判，就要抱著「決一生死」的明確目的，不能只是抱著「談看看」的心態，一出手就是要成交，不然只是浪費彼此的時間。不要以為這只是關於幾萬塊的合約，仔細去考量，如果你打算簽五年的租約，這個單可是值幾百萬呢，絕對不能輕看，等同於要談一筆上百萬的生意。**要搞清楚今日的目標：就是在自己的底線之內，盡力去爭取到這個合約，彼此合作。**

屋主和甲方代理人有時候不容易控制，也會有不夠專業的情形，像是約好見面卻無故不現身等等。但我們自己要保持健康的

心態，不要輕易被動搖，隨時尋求專業的協助，團隊內部要建立一致的共識。通常會評估未來的營收來反推租金的範圍，我會跟合夥人討論幾個數字，守住底線，不要因衝動做了決定，陷入對於空間的迷戀，必須要以長遠的事業發展來考量。

此外，一定要確保彼此的善意和誠意，才約碰面談租約，**如果過程當中，如果感覺到對方有「信賴打折」的情形，建議痛定思痛，拒絕合作，以免後患無窮**。記得有一回和某房屋仲介約簽約，對方已經拿了定金，卻臨時反悔，房仲說屋主還要再想想，定金要退給我。一個禮拜後，又打電話來說屋主想好了要合作！這樣出爾反爾的行為，代表屋主誠意

小技巧：
黑臉＋白臉戰術

身為老闆，不一定第一次就出面，可以運用團隊的人員，分別扮演白臉和黑臉的角色，和甲方代理人與房東進行談判，會有異想不到的效果。

不足，甲方代理人也有失專業；誠信有問題的屋主，即使空間再好，也不能冒險合作，難保在簽約之後，又有什麼變故。

談判第2招　**以對方為主，動之以情**

正所謂「說之以理，動之以情」，了解對方立場，讓對方感受到你重視他的處境，僅只有說理通常沒用，必須要建立感性的情境。這裡要說一個觀念：你以為找房子就是在找空間？**那就錯了！你其實是在找「人」，找那個能和你有共識，願意把房子出租給你的人，能彼此建立信賴關係的合作夥伴，空間只不過是你要用租金要和他交換使用的物件。**

要站在對方的立場，了解他所在意的地方、搖擺的原因，進行良性的溝通和互動。以理性為出發，以感性為訴求。你可能和他溝通了創業的理念，自己會怎麼使用和保養空間等，但他依然無法做決定時，建議可以透過「進一步地詢問」，探詢哪些因素會使他下決定，哪些因素使他猶豫，並站在他的角度，提供可能的解套方式。如果溝通順利，彼此「合拍」，便值得合作；如果發現「不合拍」也絕對不要勉強，因為就算空間對了，一旦人不對，同樣會導向失敗。

談判第3招　隨機應變，循序漸進為上策

有一次遇到一個房東，屬於行事謹慎小心的人，他在合約裡設定了很多條件，包括為期兩年的短約。他說：「既然沒有合作過，還是從短約開始吧！」我聽得出來他不反對「簽長約」，只是因為第一次合作，不知道該不該相信我？當時我身上剛好有十幾份的租賃合約，我把合約一股腦地放在他面前說，我們公司的原則都是簽長約，信譽良好，有很多案子在進行。他才因此釋懷，放心與我簽約。

這邊要講的是，每一次談判都會遇上不同的對象，也會有不同的情況發生，要因時因地制宜，循序漸進為上策；透過觀察對方的特質與情緒去找尋對應策略，同時「先問」、「多聽」，不要像是一名辯護律師，一開始就滔滔不絕地向對方開砲，要「以退為進」，記得要以對方能接受的方式回應，再次順勢提出要求，一步一步來，即可成功達陣。

談判第4招　不等價卻等值的交換

什麼叫做「不等價」卻「等值」的交換呢？也就是交換評價不相等的東西，讓彼此獲得滿足；藉由觀察對方較重視什麼，找出

可交換的東西和利益去互換，藉此達到自己的目的。

最好的例子就是，在不變動每月租金為前提和房東爭取「裝潢期」！今天房東希望能讓租金維持在某個水準，日後下個房客來承租，他都能拿舊的合約證明房子的確有此行情；而我想要的是長約，租金總額在預算內。

所以在不改租金的前提下，我和房東要求兩個月的裝潢期，或者將合約起算是往後延；例如今天10月1號簽約，但真正合約起算日是10月31號，但簽約時就已經先跟房東拿到鑰匙，我多了30天的「準備期」，在這段不用付房租的日子裡，籌備相關裝潢事宜。**兩方的目的都達成，也各取所**

小技巧：
裝潢期＝蜜月期

「裝潢期」可說是承租方和房東之間的「蜜月期」，在這段期間如果發現房子有問題，一定要趕緊跟房東說，通常因為才剛確定合作，才剛交屋，為展現負責任的態度，一般來說在這段時間房東會樂意協助解決問題。

需，皆大歡喜！很多的生意之所以可以談成，往往是因為異中求同，透過各種「交換」的方式去促成。

談判第5招 **以對方的承諾為確據**

　　以對方的承諾為確據，就是記錄對方所說過的話、承諾過的事，並依此做為談判的依據。人們通常不會打自己耳光，大家都是受過教育的知識份子，「言而有信」是基本的誠信原則；如果違背自己講過的話，被對方告知時，通常會有罪惡感產生。**在與房東簽約和談判時，必定要留下記錄，不論是email、文字記載或錄音檔案等**，以備不時之需，畢竟商場如戰場，要懂得捍衛自己的權利。**價格的變更是比較常會發生的狀況，必須要表明立場和態度。**

　　舉個真實案例，我原本跟房東A談好每個月的租金是三萬，在五年的租約中，前三年都是同一價，第四和第五年每月微調500元，這個數字當場大家都認同了。但簽約當天，房東A改口說，調漲幅度是「5%」！我臉一沈，幾分鐘都不講話，表達了我的不滿，並提出當初彼此都有同意的價錢，怎麼會又更動了呢？然後藉故出去講電話，等我回來之後，房東A自知理虧，維持當初的約定。

一般來說，每個人都有廉恥之心，若是被人質疑不誠信，多半會維持答應過的承諾，**要心平氣和地「提醒對方」，不需因為對方「暫時失憶」而感到生氣**，好好地溝通，對方認定的標準和所說過的話，往往就是最佳的談判籌碼。

談判第6招　保持透明性和建設性，不操弄

保持透明性和建設性是很重要的原則，如果能把一切事務都攤在陽光下，開誠布公地談，並保持彈性和建設性，不可以有操弄對方的手段，光明磊落的言行，可使談判更順利地進行。我認為，在談租賃的過程當中，如果能夠和房東以此原則進行談判，會是比較可行的狀態，若是雙方有中間人，也就是甲方代理人的存在，要完全讓所有資訊透明化的難度偏高。

甲方代理人的確有存在的必要性，但在乙方代理人制度尚未健全的現況下，乙方必須透過「中間人」，去和甲方談判，導致資訊取得都是「第二手」，很難確認其「真實性」。但秉持著談判的原則，我的建議是，還是將合約的重點內容全部都攤在檯面上討論，包括月租金、押金、調漲幅度、管理費用、違約金等（將於第10章詳述所有合約重點），逐項地去討論，才能有效地談判出雙方都接受的成果，取得共識。

談判第7招　　**頻繁溝通、表述願景**

還記得「談判第1招：說一個好故事」嗎？好的故事說一次不夠，最厲害的是要能以不同的方式去說這個好故事！必須「頻繁溝通」並「表述願景」，讓對方能夠隨著一次又一次地溝通了解你，進而被你感動，產生共鳴並願意支持你。以個人的經驗來說，不少年長者（房東）是很願意去支持年輕人的，更何況，我們還付租金給他們呢！

我有個朋友創業經營青年旅館，他不厭其煩地和房東溝通，告訴她為什麼要經營青年旅館，最後房東決定投資他！因為房東自己是從空姐退下來的，對於旅遊這件事非常認同，覺得台灣應該要好好經營這一塊，願意成為他新事業的股東。後來去到朋友的青年旅館裡，還可以看到這位房東兼股東的大姊，熱心地招呼客人，不再只是坐領房租，而是成為創業一族！

這個「房東變股東」在我們創業圈子裡廣為流傳，是很動人的故事；雖然這樣的例子是少數，但我所要談的是：人們喜歡跟有願景的人合作！很多房東也的確希望透過自己的資產，建立和這個世界的連結，更何況有些人已經退休了，如果有機會可以「間接」或「直接」和社會重新接軌，何樂而不為呢？

談判第8招　找出真實的問題，化危機為轉機

每件事如果牽扯到錢，就會有所謂的「利害關係」，當雙方有意見相左的情形時，就要找出真實的問題所在，危機也可以化為轉機，迎刃而解。今天不管有沒有透過甲方代理人的傳達，房東很可能提出種種你覺得「奇特」的要求，事出必有因，必須要有技巧地問出背後的「癥結點」所在，大家各退一步，也能讓生意成交！

有一次，我承租了月租金50萬的透天店面，簽約前甲方代理人表示，兩押一租的現金支付。一共150萬的現金帶在身上實在不方便，況且公司剛成立還無法開立支票，希望可以用轉帳的方式。甲方代理人堅持要用現金，再次深入聊天後，他告訴我，其實他也擁有這個店面的股份，所以希望簽約日可以就現金拆帳，以免日後拿不到屬於自己的那一份。了解他的顧慮之後，同意準備現金，而甲方代理人也很有誠意地，幫我跟房東爭取長達4個月的裝潢期。

這個案例中，可以看出其中的利益關係是環環相扣，互為因果的！因此，面對房東提出的要求，先不要有情緒，覺得對方不可理喻，要能夠沉住氣並且耐心地問問題，回歸到談判第2招——目標是很明確的，我今天坐在這裡，就是已經內部評估好了，要

求一個合作局！任何突如其來的要求，都不能亂了陣腳，而是要想如何解決，而不是消極放棄。

談判第9招　**列出清單，不斷演練！**

正所謂「熟能生巧」，一定要經過不斷地練習，去磨練自己的談判功力，每次實際談判後列下可以改進的清單，累積更多的實戰經驗。平時不妨找人「演練」，模擬各種的情況，對照談判1～8招中我所提的案例排演，看看今天如果是你遇到這樣的房東或甲方代理人，你可以如何跟對方溝通，列出談判的步驟和要點，不斷地練習絕對有莫大的助益。

建議可以和資深的創業者討教其曾經面臨的租屋交涉情況，或加入創業社團，蒐集不同人的實際案例，簡單訪談並記錄下來，這些都將成為未來談判的作戰守則和應變策略參考。此外，建議不要一個人去簽約，最好找有經驗的朋友或公司的同事一起前往，多一點人總是好的，但務必要事先演練，有一致的共識和前提下，才能同心協力，其利斷金。

簽約前最後一步：談妥十大條件再下斡

「到底談到什麼程度，才能簽約呢？」很多人跟著房東或房仲看了房子，也初步溝通關於承租的相關訊息，但是究竟哪些「條件」非談不可呢？不需要再左思右想了，我整理出十大條件，一直都存在手機裡面，只要「當面」與房東或房仲逐一都確認完畢，最好錄音或用白紙黑字寫下來，彼此同意這十大條件，就能夠準備簽約，並且下斡（給斡旋金）囉！

Point ☆☆☆☆☆

....

十大條件快檢表

1️⃣ ☐ 月租金、押金、調漲幅度、違約金、管理費用、其它費用

2️⃣ ☐ 商業登記、報稅、法院公證、實價登錄

3️⃣ ☐ 租期（五年長約、都更）

4️⃣ ☐ 裝修、清潔費用（折抵）

5️⃣ ☐ 起租日、水電起算日

6️⃣ ☐ 租期屆滿、復原程度

7️⃣ ☐ 轉租限制、分租規定

8️⃣ ☐ 附加物件（車位、家具、家電）

9️⃣ ☐ 付款方式（月月／整年付，現金、票、轉帳）

🔟 ☐ 仲介服務費用

條件一　月租金、押金、調漲幅度、違約金、管理費用、其它費用

⬠ 月租金是房東的罩門

月租金永遠都要擺在討論的第一位，一般而言，屋主都非常重視月租金，一定要在月租金上取得共識，通常月租金就是屋主的罩門，只要是在預算內，我通常不會砍。屋主要面子，喜歡「量」，希望可以把每個月的租金拉到一個漂亮的數字；承租方要裡子，注重「質」，例如：一次付清現金可以獲得總租金的減免，爭取更長的租約或者裝潢期等，我認為在租金上面不需要錙銖必較，但要想辦法談到對自己最有利的條件。

⬠ 押金多少？政府有明文規定

押金常是房東說了算，其實依照土地法第99條規定，押金不得超過二個月房屋租金之總額。實務上還是有些屋主希望「押金」增加到3個月，可以按照自己能夠接受的範圍去討論，通常而言，我會盡量配合，畢竟能找到符合自己條件的空間比較重要。

⬠ 調漲幅度絕不以物價指數為標的

承租方不想調，房東會想要調，只能藉由溝通，找到彼此都能認定的標準。建議不要以「物價指數」作為調幅的依據，物價指

數對你我來說，都不是一個能夠完整理解的數字，要如何「反映」到租金上？對於外行人而言，真的是怎麼樣也算不清楚。

　　我是直接把金額「寫出來」，例如：第1～3年是30000元，第4～6年是30500元，第7～9年是31000元，確切的數字最清楚；另也有人談每年調漲的％數，一般而言1～2%是比較合理的範圍，如果調太多就可以考慮是否要繼續合作。但無論如何，都要先把金額先算好，避免玩數學遊戲，到底多少乘以多少，又或很多零星的尾數講不清，不如先把數字敲定，省得日後衍生出多種麻煩。

⌂ 違約金不只適用乙方

　　違約金就是雙方有任何一方沒有遵守承諾而毀約，須賠償對方的金額。承租方提早解約要賠「押金」，這是大家比較熟知的；另外一種是，甲方（房東）提前違約，例如原本簽約簽五年，結果到第三年，甲方強行要求乙方離開，甲方也要賠償合理的金額，這就是所謂的「提前下車條款」。

　　你可能會問，提前下車條款中的賠償金額是多少？沒有制式的答案，身為創業者要明白，當初你所付出裝潢費用成本都還未攤提完成，卻被強迫解約，此損失應由甲方賠償，雖然實務上，不

是每一個房東都願意簽署此條款，但建議還是可以嘗試溝通，以保障自身權益。

以一個50坪的店面，承租方大約需要花250～300萬裝潢，如果被提早解約只拿到兩個的租金（幾十萬），怎麼算都很划不來，建議要盡量爭取合理的賠償費用，畢竟在每個月準時繳交房租的前提下，甲方不應該趕人；而我的確有朋友曾成功爭取到相當於裝潢費用的違約金。

我認為違約金是負面思考，當大家都臆測對方在未來，可能會對彼此造成傷害，房東擔心承租方把房子弄壞，承租方擔心房東突然把房子收回去，如果雙方不停糾結在違約金，會發覺很難往繼續往下談，合約要成立，大家要有正向思考。

⌂ 管理費用和其他費用要先問

如果是承租公寓，要記得先詢問內部住戶是否需要依照約定，繳交管理費或清潔費，甚至有些公寓管理條例是彼此協同的，今天你要成為這棟公寓的其中一員，就要按照規章。我曾經承租過一樓的店面，承租後才發現我要付洗樓梯費，因為這是整棟大樓所共同約定的公共清潔費用繳交。

條件二　商業登記、報稅、實價登錄、法院公證

⬠ 商業登記最好要有，沒有也要另設

　　由於商業登記、報稅、法院公證、實價登錄都和政府有關，因而擺在一起討論。如果今天你承租一個空間，進行創業，首先必定要搞清楚「商業登記」，所承租的空間是否已作為商業登記？商業登記就是清楚地告訴政府，我這個房子並不是自用，是非自用以及營業用，緊接而來的就是「稅金」的繳交。

　　市場上很多空間已作為商業用途，卻沒有登記、沒有報稅、沒有公證也沒有登錄，打定主意以「不變應萬變」，也就是under table處理，大家說好都不報稅，但這畢竟不是「正道」。建議承租前，必定要再三確認相關的「登記」資訊，公司的營業項目跟這個空間的條件（都市計畫的土地分區和土地使用規則是否match）是否相符？所在地以及建物屬性也要一併確認，很多公司在政府那裡登記A，實際上卻在作B生意，這些都是有潛在問題，建議還是依規章行事，才能有所保障。

　　很多房東出租空間卻沒有報稅，如果你要商業登記，房東可能不會同意，因為一旦登記了，很多資料就會曝光：包括房東出租空間卻逃漏稅，這個房屋就非自用或改營業用，屋主的稅賦會因

此增加。實務經驗來說，60%的屋主不會同意讓你用該地址作商用登記，僅有40%的屋主會同意。如果卡在「房東不讓作商業登記」這件事而導致無法承租其空間，會發現可選擇的空間相對減少很多。建議將商業登記放在商務中心或其他地方，不失為一個彈性的作法。

建議商業登記要找商務中心或者具有管理員的所在，很多有趣空間都位於住宅區和老舊公寓裡，常會因為沒有管理員而遺漏很多重要的信件，一旦和郵差擦身而過，又得耗費時間去跑郵局。更傷腦筋的是，如果漏接法院文件就更慘了！我曾遇過「支付命令」送達未果，法院卻不採定，因他認定我沒有提出異議，便視為同意。所以就算房東不讓作商業登記，自己也要想辦法另設，才是比較妥善的變通方式。

⬠ 報稅注意「眉角」，絕對不可「沒繳」

無論如何都要繳稅，這裡談的稅，包含許多種類，主要指的是出租方之租金收入所得應繳交的租賃稅，以及承租方以該空間作為商業用途，所繳交的營業所得稅。稅的算法非常繁複，加上每個出租方和承租方的條件不盡相同，這裡就不多琢磨，僅以表格的方式介紹作重點提示。（此表格是以市場常見情形，甲方提出未稅價，乙方需另負擔稅金）

表	
甲 VS. 乙	稅務重點
自然人 VS. 自然人	租金可自行談繳交租金是稅外或稅內（10%的租賃稅），但乙方須為甲方繳1%的稅。
自然人 VS. 法人	乙方不僅需要幫甲方繳10%的稅，且因乙方為「法人」身分，二代健保會需另繳2%，每兩個月要求企業附上租約繳費單據。
法人 VS. 自然	甲方開發票，乙方需繳交5%營業稅。
法人 VS. 法人	可對開發票。

⌂ 法院公證走一遭才保險

依法規定，租約期限達五年以上，出租方和承租方須一同前往法院公證，第一是要保障承租人，確認出租方並非作假的假租約；第二是確保相關細節是雙方同意，因為長約為期較長，很容易在過程中損害雙方利益。可去法院辦理或付車馬費聘請公證人到指定地點出席，理論上好像請公證人來比較輕鬆，實際上多數的屋主還是喜歡去法院，不管方式為何，只要雙方同意即可。此

外，不論買賣或是租賃，都規定要「登錄」，可以委託專業的地政士處理。

條件三　租期簽長，考量都更

⌂ 租約至少3～5年

站在空間創業者立場，約期當然是越長越好，有利於將裝潢成本攤提，並在該地發揮影響力，和熟客和鄰居保持友好關係，品牌形象較易深植人心，培養客戶的黏著力。建議租期至少要在3～5年，我自己在談租約很多都是談到10年，但面對這樣的長約，必須要有所心理準備，包括所有權轉移的問題或都更。

⌂ 健康心態面對都更不害怕

「買賣不破租賃」，這在民法425條裡有明文規定，即使物業所有權移轉了，還是不影響承租方的權益，所有權的繼承者必須要繼續履行這個出租的合約，承租方也不會因此被迫遷離。但若是談到「都更」就是另外一件事，都更是政府的都市重建規劃，租約在這個情形下會失效，承租方必須在其規定的時間內搬離。

就現今狀況而言，台北市很多房子都在都更預定地，但實際上台北市的都更成功率相對是非常低，如果因為擔心被都更就放棄

租賃，其實有點可惜，我自己的操作是「照租不誤」，因都更須長時間的運作，如果真的遇到，就抱持著「君子有成人之美」的心態，坦然接受。當然，如果你極度擔心這個變數，也可與房東溝通，倘若遇到「都更」，有哪些賠償的辦法，足以彌補其中的損失。

小提點：
裝潢費用算法

裝潢費用是有魔術公式算法，因為所需的工程多數都能反映到「坪數」上，而有快速估價的基礎。以輕度使用而言，我通常以「輕裝潢」為主要方向，一坪抓2～3萬；如果是餐廳，一坪約5萬；重度使用或需高級裝潢，一坪抓到10萬就是極限了。若超過這個價格，你就要重新評估損益。

條件四

裝修權責與費用拆分

雖然裝修費用大部份是承租方出，但也常會遇到房東承諾做到某件事情，例如修補空間的老舊電器或將空間重新整理乾淨等，你也可自行處理，跟房東談清潔費或修整費用的折抵。我曾遇過房東堅持要把空間裡的暗房拆掉才要租給我，但因為他的工班實在動作太

慢，經過協調後，我決定自掏腰包，但要求房東給我們免費的裝潢期。此外，也有些房東自己的親戚是相關裝潢廠商，希望交由其來處理，這些都可以相互協商。

條件五　商業登記、報稅、實價登錄、法院公證

前面有提到，房東希望月租金可以維持在一定的價格，承租方可以技巧性地談判，把合約起租日往後延，以延長裝潢期作為交換，提前拿到鑰匙就能早點進場，意味著有更充足的時間在開業前作準備。除此之外，水電起算日也要一併定下來，基於使用者付費的原則，水電可以透過去台灣水力公司和台灣電力公司「結清」的動作，做一個區分；很多空屋會有水電費欠繳的情形，或者水電不分表的狀況，這些都是容易起糾紛的癥結點。

條件六　合約屆滿和復原程度

合約一定要有明確的「開始」和「結束」，日期必須要定好。此外，結束時的「復原程度」也是經常發生摩擦的地方，建議約定「合約屆滿依當時現況點交」，而不要簽「復原條款」。因為不論是進行哪一種型態的公司創業，如工作室、店面或旅館，勢必都會有某程度的更動，但很多物業所有權人或房東，較無法理

解空間的多元型態或新空間的格局需求,這時請務必解釋清楚。比較常見的處理模式為:在租約快要結束前,雙方針對現場的狀況作討論,看什麼東西要留,什麼東西要拆。畢竟,就簽約前的時間點去談論五年後或是十年後的空間樣態,是比較難有效討論出結論。承租方只要秉持善良管理人的心態,以不破壞結構為前提,好好愛護和使用此空間,合約結束前再與房東逐一討論,是最務實的作法。

條件七　轉租、分租限制應刪除

在文具店能買到的制式合約內具有「轉租、分租限制」,如果看到這條規定,建議在簽約前就把它拿掉吧!我想要申明的是,企業家想出許多解決問題的新商業模式,時代不停地往前轉動,法規更動的速度相對比較緩慢,還沒跟得上腳步,因此讓很多事情看起來像是「違法」。

我這幾年的經驗觀察到,許多新創空間的業主,為求多樣性和趣味性,勢必要找不同的人才加入,卻也可能不是採用聘任的方式,而是採取在空間上合作,以「分租」的方式共同使用空間,透過平常密集的碰觸,以及時間的醞釀,變成創意與商機的搖籃。在台灣,人們習慣性把轉租與分租歸納為一個詞,就是「二房東」,經常是帶有貶抑的詞彙,但實際上只是大家對於空間營

運的想像與認知太狹隘。

在中國，是稱為「輕資產」營運，就是不擁有資產，而是透過租賃取得物業使用權，其同義詞為「重管理」。空間創業本來就是透過承租空間，把空間改造，並提供加值服務，提供「空間＋服務」的價值給未來的客戶，容我舉個最簡單的例子：飯店或青年旅舍，不也是用「日租」的方式來營運嗎？百貨公司也是將每一個櫃位「分租」出去，同樣是位「二房東」呢！

建議要做好充分的溝通，告訴屋主們或房東們，你營運空間的方式，讓他理解你不是狹隘的「二房東」；其商業邏輯是這樣的：物業持有人也就是資產的所有權人，雖然買下物業，但對於營運是完全不懂的，因此空間只能長期閒置，有一個空間活化高手，透過設計施工以及營運實力再加上品牌，你創造的價值，所以客戶願意買單，你賺了錢也讓空間發揮實質效應，豈不是皆大歡喜嗎？

條件八　盤點附加物件

在空間裡面的附屬設備，要或不要？留或不留？製作一份「財產清冊」，把房東的物件和狀態寫清楚，主要類目為車位、家具、家電等。我認為重點在於承租方表明會盡「善良保管人的責

任」，雙方須以信賴彼此作為前提，畢竟承租方也不會故意把東西弄壞。以個人經驗分享，建議盡量不要「留」房東的物件，因為隨著時間的流逝，很容易折舊；例如，大型電器設備就很容易壞，是因為使用壽命到了？還是不小心弄壞？沒有人可以界定。

條件九　付款方式確認（月付／整年付，現金、票、轉帳）

現金、支票、匯款　都是金錢交付的方式，每一種付款方式都有其特點；而不同的付款方式，在不同的時刻可以發揮各自的獨特功能，建議要妥善運用。首先，我在給幹旋金會採用現金，現金代表我的誠意，也可藉機爭取比較有利的條件，房東通常會立刻感受到現金的魔力，收下幹旋金並轉作「定金」。其次，可以用支票的方式來支付每個月的租金，一方面代表自己的信貸情況是沒有問題的；另一方面，一次開12張，房東每個月去兌現，有沒有問題可以立刻知曉，非常方便。最後，如果是房東長年都在海外，轉帳匯款是最佳的方式。要特別提醒，可以談月付或年付，有沒含租賃稅，事先談清楚，彼此方便行事。

條件十　交易費用包括仲介費和佣金

在承租空間時，如果是經由房屋仲介，在一開始就要講清楚「仲介費」為多少？否則最後很容易會上法庭，這當然是比較誇

張的說法，但重點是「要先講好價錢」，畢竟有出力的人領錢，合情合理，不能不付仲介費。其次，是所謂的「介紹費」，中間有人作為介紹，實務上會要求各種退佣、回佣或紅包的情形，可能是0.5～1個月的租金費用，又或者是成交費用的1～5%等，都有可能。

我的習慣是，任何人告訴我空間的消息，我都會把房況問清楚，並直接問利害關係人是誰？要參與這件事到什麼程度？是單純幫忙介紹？還是你也想參與後面接洽的事務？這是很多人輕忽的地方，也是最多糾紛的地方。為了答謝或鼓勵對方，你也可先把能抽的%數先說清楚，讓彼此心裡都有個底；畢竟空間承租所牽扯的金額也較大，等成交了再回頭要交易費用，都是不太好的合作方式。

小提點：
簽完約要回收全部鑰匙

一旦跟房東簽好約，記得請房東將鑰匙「全部」回收給你。建議也可重新換門換鎖，更加安全有保障；現在也有很多人改用密碼鎖，比較好管理。最後別忘了要提醒房東或仲介，要把廣告下架，免得又有人跑上門說要看房子，或者房東因著程咬金出現而改變主意毀約，可就糟糕囉！

房 屋 租 賃 契 約

出租人：   （以下簡稱甲方）
承租人：   （以下簡稱乙方）

因房屋租賃事件，訂立本契約，雙方同意之條件如下：
第一條 房屋所在地及使用範圍：
_____。

⬠ **爭取裝潢期** ——

第二條　租賃期間：
自民國 000 年 月 00 日起至民國 000 年 00 月 日止，共計貳年。乙方若繳租正常，依合約第三條，有優先續租權，但應於 00 天前以書面向甲方為續租之通知，若甲方無意續約，應於租約屆滿前 60 日以書面通知乙方。
自立約之日起至民國 105 年 11 月 17 日止為免租金裝潢期，此期間內之水、電費用由乙方支付。

第三條　租金、保證金及給付方式：
一、　乙方於租賃期內第一年應支付每月租金新台幣 $ 000,000 元整。第二年應支付每月租金新台幣 $ 0000,000 元整。第三至第五年應支付每月租金新台幣 $ 000,000 元整。
二、　租金每壹個月支付乙次，每次支付壹個月之租金，乙方不得藉任何理由拖延或拒絕，一次開立十二張本票交由甲方收執並按月兌現。第二年起乙方需採用支票，一次開立十二張支票交由甲方收執並按月兌現。

⬠ **付款方式寫**
清楚，避免
未來糾紛 ——

三、　保證金新台幣 0000,000 元整，以作為其履行本契約義務之擔保。乙方應於簽訂本租約時以現金支付，甲方應於租賃期滿交還房屋並扣除所積欠之債務（包括水電費、瓦斯費、大樓管理費）後，無息返還乙方。於租賃期間中，乙方不得主張自押金抵扣租金。

第四條　使用租賃物之限制：
一、　乙方應遵守住戶規約，不得供非法使用 或存放危險物品影響公共安全。
二、　乙方如擬在房屋上為裝設及加工者，應事先徵得甲方之同意，並應由乙方自行負擔費用暨自負管理維護之責，且不得損害建築結構及影響其安全。

第五條　乙方之責任及修繕：
房屋如係因不可歸責於乙方之自然折舊或天災損壞而有修繕必要時，由乙方通知甲方負責修理。乙方應以善良管理人之注意義務使用、管理、維護房屋，如因乙方之故意、過失、或使用管理維護不當致房屋毀損，應負損害賠償之責，如係乙方於裝潢時自行施工改建之設施、管線、電路所產生之故障及瑕疵，由乙方自行修繕。

第六條　稅費負擔：
一、　房屋之稅捐（房屋稅、地價稅）由甲方負擔，所得稅由乙方負擔。
二、　水電費、瓦斯費、電話費、清潔費等使用上之雜費由乙方負擔。
三、　本租金憑單扣繳（租金所得稅 10%+二代健保 2%）由乙方負責向稅捐稽徵機關負責繳納。

第七條　甲方得終止租約：
乙方有下列情形之一者，甲方得終止租約，乙方需隨時搬離：
一、　遲付租金之總額達一個月之租額，依第十二條，經甲方書面通知，乙方仍不為支付者，甲方可終止租約，進行交屋。

第八條　乙方得終止租約：
有下列情形之一者，乙方得終止租約：
一、房屋損害而有修繕之必要時，其應由甲方負責修繕者，經乙方定相當期限催
　　告，仍未修繕完畢。
二、租賃關係存續中，因不可歸責於乙方之事由，房屋滅失其存餘部分不能達成
　　租賃之目的時。
三、房屋建築物等問題有危及乙方或同居人之安全或健康之瑕疵時。
四、第三人就房屋主張權利，致不能為約定之使用收益者。

第九條　合意終止：
租約到期需要經雙方另訂新約始有續租效力。甲乙雙方於合約期間內欲解約，得
於六十日前以書面通知對方，同時支付對方兩個月租金作為違約金。

第十條　租賃物返還：
一、本契約租賃期滿，雙方應另訂新的書面租賃契約，否則視為不再續租。乙方
　　於租賃期滿或終止時，將房屋遷讓交還，不得藉詞任何理由，繼續使用本房
　　屋，並乙方不得向甲方請求遷移費或任何賠償。乙方未即時遷出返還房屋
　　時，甲方另得向乙方請求自終止租約或或租賃期滿之翌日起至遷讓完竣日止
　　按房日租金貳倍計算之違約金。
二、若乙方將公司營業地址設籍於標的物，應於返還房屋時一併辦妥遷出登記
　　後，甲方才返還保證金。
三、雙方約定以現況交屋，交屋後乙方因業務所需更換裝潢之部分需經由甲方同
　　意後，始可施作，於遷出交屋時應維持清潔完整但不需回復原狀交還予甲方。

⌂ **建議依現況
交屋，較不
易有問題**

第十一條　遺留物之處理：
乙方遷出時，如遺留傢俱雜物不搬者，視為放棄，應由甲方處理，並得自保證金
中扣除清運費用。

第十二條　送達地址之約定：
甲乙雙方相互間之通知，應以本契約第一條所載出租地址為準，其後如有變更應
以書面通知他方。若有拒收送達不到或退件情形時，悉以第一次郵寄日期為合法
送達日期。

第十三條　未盡事宜：
本契約如有未盡事宜，依有關法令、習慣及誠實信用原則公平解決之。

第十四條：其他特約事項：
本租約租賃期滿，如甲方欲繼續出租此房屋，乙方有優先承租權。

第十五條　爭議處理
1.因本契約發生之爭議，雙方同意以台灣台北地方法院為第一審管轄法院。
2.甲乙方雙方若有違約情事，因涉訟所繳納之訴訟費、強制執行，均應由敗訴
之一方負責賠償。

第十六條　契約分存
本契約一式兩份，由立契約書人各執乙份，以昭信守。

PART 2

連結

有趣的人

「雋永R不動產是一個長期關注『空間創業』的自媒體，以『找到有趣的空間，連結有趣的人，創造有趣的事』為核心價值，我們希望建構一個『空間產業』的創業生態圈，協助更多會員完成空間夢。」

這一段話是我自己琢磨許久放在公司官網首頁的一段話，而這不只是口號，而是我做所有事情的核心。我做任何事情，都會審視這件事情是不是跟空間創業有關？**做這件事情跟我的核心價值有關嗎？做這件事情跟我建構一個生態圈有關嗎？**接下來我會把這一段話一塊一塊的切割剖面讓大家看到裡面的肌理。

花一倍時間找空間，花三倍時間找人才

「找到有趣的空間，連結有趣的人，創造有趣的事情。」這三件事情在「自媒體」角色上面，是有其順序的，也就是我們藉由生產內容，透過內容凝聚社群，透過社群的交流，共同創造許多有趣的事情。但我一直在強調：很多人看到我們喊出來的口號，以為趕快找到一個很酷的空間，然後就可以開啟自己的空間夢。

事實上，這真的是一件不可能的事情，找到一個很酷的空間，是一件很酷的事情，他可以讓人興奮覺得自己好像無所不能，但真實事件跟你想的是天差地遠。經營一個自媒體，每天產出有趣且正在出租的空間情報，是我們應當要做的事情。但我只想跟大家說：你花多少時間找空間，那你肯定要花三倍的時間找人才。

找到自己的「寶可夢」戰隊，建立自己的弱連結

空間創業拆開兩個字就是「空間」＋「創業」，我們談的空間就是一個實體空間，如果你要做生意，小到一個收納櫃，大到整座城市，都是我們談的空間創業，而「空間」這個詞其實是有很深涵義的，你如果想要從物理、哲學方面切入，也是可以，但這不是我會的，也不是這本書想要探討的。

我希望帶給大家的經驗是，大家從小到大見過各式各樣的空間，而這些空間其實有各種你想不到的運用方式，而如果你做得好，這些空間會因為你組了團隊，開始創業，而從此有了不同的新樣貌。

雋永的信念是：找到有趣的空間，連結有趣的人，創造有趣的事情。但這句話是一個站在媒體角度所做的事情，我們透過採訪有趣的空間並將這些空間編輯成文件寄送給會員，協助會員取得空間情報。但身為一個空間創業者，當你真的是吃了秤頭鐵了心，決心要投入空間產業，成為一個空間創業一份子。那你的第一步其實應該要稍微挑整過來，也就是先連結有趣的人，找到有趣的空間，再來共同創造有趣的事情。

我們常常對空間創業有著誤解，以為：我要趕快找到一個超酷的空間，然後我就可以這樣那樣……等等。但現實世界並不是這樣的，想要圓一個空間夢的空間創業者，請你聽聽我給你的經驗之談。你應該趕快先做的事情是加入雋永R會員（咦～廣告太明顯了！）但這是因為你必須要跟一群有趣的人建立連結，找到你的團隊。這個世界不是靠一個人就能「幹」得起來的，就像玩遊

戲必須組隊打怪一樣，因此你必須要有團隊。

　　當然，有很多創業活動你都可以去參加，換了滿抽屜的名片，但這不是我認為適合的。我給你良心的建議就是：你要趕快建立「弱連結」[註]，這是來自於在二十世紀六十年代晚期，哈佛大學的一個研究生Mark Granovetter通過尋訪麻省牛頓鎮的居民如何找工作來探索社會網路的理論。在他的調查結果指出，找尋工作的人更多的是通過那些很少見面，甚至一年才可能見一次面的人那裡獲得職位的信息。

　　總體來說，在找尋工作方面，弱連結的機會要比強連結高得多。這也告訴我們在工作方面，緊密的朋友反倒沒有那些弱連結的關係更能發揮作用。因此創業時要善用你的弱連結，並從這一群人當中，慢慢建立你的「五行」資源。

🅣人與人之間的關係，從溝通互動的頻率來看，可以簡單劃分為強連結和弱連結。強連結最有可能的是你目前工作的搭檔、事業的伙伴、合作的客戶，生活和工作上互動的機會很多。弱連結範圍更廣，同學、朋友、親友等都有可能，就是溝通和互動的機會較少，更多的是由於個人的時間、經驗和溝通機會造成的。可以簡單的概括個人大概有150個聯繫人，其中強連結約30個，弱連結約120個。

花一倍時間找空間，花三倍時間找人才

　　而我對於「連結有趣的人」這件事情的看法，並不單單只是連結而已，最終是希望能建構一個空間產業生態圈。所以人才的連結不僅僅是連結，同時，還要分享以及協同合作，同時，人才的

組成還必須符合生態圈多元的樣貌。但我是怎麼架構空間創業「生態圈」呢？我將空間創業生態圈的人才分為五行人才。對！就是你所知道的五行。

什麼是五行人才？

五行是華夏民族的重要智慧，其實就是人類不斷觀察大自然運行的法則，同時透過自己的腦袋，將事物做一個整體的歸納與分析。五行是一種方法論，它可以協助很多知識，有一個清楚的分析、歸納、運用，例如：中醫、風水、算命等等。而五行的概念，我覺得跟創業很像，其實應該說宇宙世界的萬物都能用五行來解釋。

創業的你就好像在面對一個未知的宇宙，你每天都會發生一堆事情，一開始你會很亂，自己常常會無法思考、無法歸納，也不知道自己要做什麼。今天這個人找你談合作，明天又一個創投跟你說你要往那邊走…，你的合夥人、員工、供應商，每個人都在跟你說不一樣的方向，就像手指著浩瀚穹蒼的滿天星斗，貌似每個都很閃，每個都很亮，但每個卻都離你很遠。

我也是每天都經歷這些事情，於是我把自己每天真實發生的事物、以及與人的連結，慢慢歸納，同時加以分類，這就是我接下來要跟你分享我的五行資源論。我將現今的創業資源分為：「木：人才、火：內容、土：土地、金：資金、水：互聯網思維」五個重要項目，也就是說你掌握了這五項資源的訣竅，並互相運用，將能助你一臂之力。

使用輪子，不要重新發明輪子

一個我敬重的創業前輩告誡我說：不要重新發明輪子，意思就是說，前面鮮血先烈所累積下來的智慧，你應當想辦法好好在這個既有的基礎上進行應運，而不是重新創造。而我今天談的五行人脈，其實是直接站在先人的智慧肩膀上。將五行歸納作為我的一個人脈分類方法，五行是一種中國人獨有的分類方法，幾乎世界上所有的事物，都可以歸納成五行特質。

從大宇宙到小宇宙，從大自然到小自然

我們的祖先觀察的是整個大宇宙，並將這個經驗歸納，認為每個事物都有屬性，同時也有相生相剋的邏輯，這個道理，其實跟我們空間創業，其實是同一個過程。你從出生到萌生創業念頭，就是你對這個大宇宙所觀察到的事物的總結與歸納，你看了無數的民宿與餐廳，然後你覺得總是少了一點什麼，所以，你決定要把你所看到的大宇宙濃縮且轉化成一個小空間裡面做實現。

於是無數的小宇宙與小自然就這麼一個個冒出了，但本質上，它就是你所看到的大宇宙縮影與投射。我從2008年試著開始寫部落格，2010年創建這個自媒體，每天都在觀察這個領域，與這個領域的菁英對話，我每天都保持看各式各樣的房子，協助會員解決創業問題，替每一個營運空間給予適當的建議，這次將我的人脈做一個總結與統整，並希望這樣的知識，有助於你思考你的創業團隊當中還缺少那一類的人才。**人才（團隊）始終是最重要的，這樣當你轉角遇到愛（有趣空間）時，才不會錯失良機。**

找到你的五行夥伴

俗話說：金用火試，人用錢試。接下來所談到的五行人才，以及五個案例，其實跟我都有些真正金錢的來往，大多是投資的關係，很多人很不喜歡這樣的關係，但是這其實商業的一種常態，也就是價值與金錢的交換，聽到交易就感到噁心的朋友我相信很多，但我認為這件事情，並沒你想像的那麼骯髒。

要進廚房就不要嫌熱，公平、公正、公開的與你的夥伴進行商業合作，是一件光榮的事情，賺多賺少是其次，大家合夥就是要一起完成理想。我的商場經驗談是：「找對的人一起合作做生意」，至於朋友之間不談錢，或是好朋友不要合夥之類的話，聽聽即可。目標至關重要，找合夥人不論這個人是不是朋友，而是能否互補你的短板(註)一起做生意，五行理論就在於快速的檢視你的團隊，找到你的短板，並想辦法改善它。

---

❷短版又稱為木桶原理，是由美國管理學家彼得提出的。說的是由多塊木板構成的木桶，其價值在於其盛水量的多少，但決定木桶盛水量多少的關鍵因素不是其最長的板塊，而是其最短的板塊。這就是說任何一個組織，可能面臨的一個共同問題，即構成組織的各個部分往往是優劣不齊的，而劣勢部分往往決定整個組織的水平。若僅僅作為一個形象化的比喻，「木桶定律」可謂是極為巧妙和別緻的。但隨著它被應用得越來越頻繁，應用場合及範圍也越來越廣泛，已基本由一個單純的比喻上升到了理論的高度。這由許多塊木板組成的，「木桶」不僅可象徵一個企業、一個部門、一個班組，也可象徵某一個員工，而「木桶」的最大容量則象徵著整體的實力和競爭力。

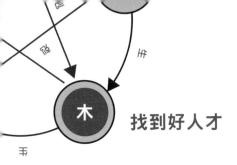

木

找到好人才

　　如同之前所說，木：人才，火：內容，土：土地，金：資金，水：互聯網思維。木代表的是人才，也是空間五行相生相剋的源頭。我認為這是創業一開始要做的事情，就是找到你的夥伴。不要認為你的公司已經有可以幫你賣命的員工就可以停止尋找，找夥伴這件事情是永遠不會停止的。

　　但我這裡談的，並不是上人力網站每天面試人，以我自己的經驗，永遠要另闢一條道路是有別於求職網站的，因為當自己只是微小企業時，沒有任何能見度，是很難招收到好的人才，而**沒有人才，是不可能完成目標的**。此外，人才不只有吸收的問題，從吸收到進入組織再到畢業，這一連串的過程，都會花費你非常多的時間，人才培訓是非常重要的，大部份的空間創業者在這個環節都是非常的薄弱，如果你認為服務業的人來來去去都是很正常的，但其實這是一個組織無法健康成長的關鍵，沒有人營運，一切都只是空。此外，常常被人忽略的就是「離職員工」，離職員工對一間公司、一個企業來說是難免的，但如何透過有系統的建立離職員工的Pool，反而將會是組織另一個重要的資源。

　　而現在，就來和癮科技的創辦人吳顯二來談談，怎麼找到好人才。

吳顯二

現任
癮科技創辦人

經歷

2012 時間軸科技股份有限公司 配件APP 產品專案經理
2010〜2012 癮科技網站（www.cool3c.com）
站長（月 UV 700,000／PV 6,000,000）
2005〜2011 Engadget中文版總編輯
總編輯（月 UV 1,200,000／PV 10,000,000）
★工研院APP跨界交流協會監事
★財團法人數位學習品質中心
★廣告服務業發展計畫 ・Hiiir Widgets聯播廣告平台輔導計畫

股東／共同創辦人

★恩海科技有限公司（專研 Android App—盯字庫／s市集獨家）
★博客邦有限公司（癮科技、大人物、癮車報）
★宜修網（www.fixy.com）
★雋永R不動產（www.restatelife.com）
★七三茶堂（www.7teahouse.com）
★RoundTaiwanRound 創始股東

顯二是我在台科大念書的學長，也是雋永不動產的天使投資人，當初我的公司草創時期的辦公室就是窩在癮科技辦公室的一個角落，那時顯二給我了一張桌子、一條網路、一條電話線和一些資金，成就了現在的我，成就了雋永不動產。2010年我在那裡創立了雋永不動產，一間不動產公司在一間科技公司裡發芽，是多麼脫離常軌的事情，但也因為有這樣的契機，認識了與不動產業界完全不一樣的人們，也讓我在六年前就啟發了空間創業這樣的想像，將線下空間帶到線上發佈，再將線上銷售帶到線下體驗，形成一個良性循環。

而在癮科技的這一段時間，更是認識一群十分活潑有趣的夥伴們，網路的快速也激化了思考的流動，更是讓我體驗到人才聚集的重要，就如同我前面所說：**沒有人才，是不可能完成目標的。**而科技公司這麼快速的氛圍，相對的人才的流動也是更為激烈，顯二也因此有了一套「挖」人才，「用」人才的方法。

> ## 癮科技創辦人這麼說：

⬟ 人的來去是種流動

常有人問我怎麼當一個老闆，怎麼看員工的離職？但其實人的來去本來就是一種常態，尤其是變化一日如三秋的科技產業更是如此。馬雲說：離職的員工主要是錢不夠，或著是心受委屈了，思考這兩點後，確認自己是否善待員工，其他就是平常心即可。

張家銘's highlight

創業做生意做主要的就是與人合作，不管是聘僱的合作、股權的合作或是單純的分租、轉租、合租，不同的人才有不同的合作方式，要懂得適時調整，有些人可以當房東卻不適合當股東，有些人可以當股東而不能當員工，把人放在適合的地方做適當的連結是很重要的。員工做久早晚會走，有時候也會有不好的合夥人進來，如何好聚好散，或者轉換成另一模式，例如之後會談的內部創業，都是空間經營者的重要功課。

⬡ 還在人力網站找人才？

我雖然身為管理者，但並不十分喜歡管理，當有人流露出期待被我管理或是需要被我管理時，我就會覺得不舒服，所以在選擇人才時我多半會選擇較有自主管理人力的人，可以先想好自己要做什麼後再來找我談，而這些人多半有些特質：他們喜歡單兵作戰，不喜歡合作，因此癮科技做事的方式都不以大合作為基礎，多是個人或是小組合作。也因此我發現在人力網站上徵人，來的人很難符合我的需求，後來我發現「獵人頭」方式比較適合我。

這裡不是說請傳統的獵人頭公司幫忙找人，而是更傳統的「三顧茅廬」。當我覺得某個人值得合作，我就會開啟獵人頭S.O.P.：找機會與此人搭上線，接著以發專案的形式委派工作，從發案子的過程中確認這個人適不適合我，如果覺得這個人可為我所用，即會以1～3年為目標，聘請他進公司，有時在這樣的過程中還會編寫劇本呢！這樣長期的合作到進公司，反而可能比登入人力網站，僅數次面談就決定錄取，有如盲婚啞嫁的方式更能找到適合自己、待得長久的員工。

⬟ 投資在自己人身上

在聘請員工之外，我覺得更重要的是投資員工，癮科技現在走的就是內部創業。就像我之前說的：我不是喜歡與擅長管理的主管，因此聘僱的都是自主能力較強的員工，正因為他們都是擅長開拓、個性積極的人，如果只是像傳統公司希望他們達成自己的KPI，這樣不是長久之計，員工在公司體制下多半不會為工作盡全力，他們會將生活分成多個面向，而如何讓員工的工作效率與投入程度達到百分百就是讓他們當老闆！

以我自己為例：癮科技就是我從2006年開始執行的項目，當時我還是博客邦的員工，然而自從2014年開始癮科技就獨立成為公司，我前東家反而成為我的股東，這樣的創業模式稱為內部創業或裂變式創業。

也因為這樣的模式在矽谷已經是耳熟能詳的方式，癮科技也成功由公司內的一個項目轉變為公司，因此現在我十分提倡內部創業，就像之前有個同事跑來找我說希望能做「線上學習」：他希望代理全球第二大的線上學習，雖然當時覺得線上學習和癮科技的屬性不相同，但還是放手讓他去做！這位同事一個禮拜後寫了個英文的提案寄去美國，再下個禮拜接到美國的回覆並派人到台灣來談，一個月後就簽約，之後更在三個月後上架，半年內達到美方要求的KPI，第二年即脫離癮科技成立公司。成立公司的第一年我依然是輔佐的角色，給他們桌子、電話線、網路線等並支付人事費用，但告訴他們這些在第二年就需自行負責，不過也因為這些人都是通過了考驗，到了第二年基本上不會更差只會更好。

　　因此，不要害怕員工想離開，而「投資」當然要投資在信任的人之上啊！我的終極目標就是公司內部所有工作都分割出去，包含編輯部和業務部，剩下我一人後再找新人進來成為一個循環。

張家銘's highlight

常常聽到很多老闆自怨自艾，感嘆員工做不久、來來去去…每天都把人力網站開著徵人，但在這個資訊爆炸的時代，如果找人還「只」使用人力網站就有問題！好員工不會從天上掉下來，好的人才更是要靠「挖」的！而老闆和員工的距離更不應有如鴻溝，無法溝通，要記得老闆與員工本來就是合作關係，有著各式各樣的可能，不需要員工一離職就老死不相往來，你們可以有各式各樣的選項，有策略地達成人才的流通是一種趨勢。

🔵 投資沒有所謂的一帆風順

　　就像前面所說人力網站徵人就像盲婚啞嫁，因此我常是透過一次又一次的委外專案後確認彼此適合合作才將人聘僱進來，這相對來說是最穩定的，但人有失足、馬有失蹄，在我的投資項目中仍是有認賠殺出的。

　　我投資的項目很多：有科技公司、工程網站、不動產、茶行與旅行社…等，這些投資種類看來很廣，但和我的所學都有相關，或是有興趣，但曾經我和幾位科技同業合夥投資餐廳，卻慘遭滑鐵盧。雖然餐廳現在由其中一位投資人全數買回，仍繼續經營中，但回想當初虧損的主因在於：五位投資人沒有人對餐飲業在行，加上股份大家均分只占20%，當有問題時沒有人願意站出來統籌大局，最後面臨赤字的狀態，因此我也會建議：**投資時選擇熟悉的標的物，或是股東有人能負責營運才能讓空間永續經營。**

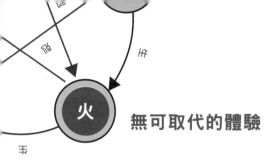

無可取代的體驗

　　如同之前所說，木：人才，火：內容，土：土地，金：資金，水：互聯網思維。火代表內容，線下空間最重要的就是要創造一個無可取代的體驗。空間創業能否成功，能否一炮而紅，重要的就是內容。空間是個殼，裡面到底要裝什麼？迷你倉、親子餐廳、居酒屋、民宿、停車場、遊樂園等等這裡面有各式各樣的可能。

　　前面提到的「木」，如果你手邊已經有很穩固的人才可以跟你一起打拼，那選擇要做什麼內容就簡單多了，如果你的夥伴是廚師，那肯定廚房的事情就有人會去處理，所以順序是重要的。而因為現在電商實在太強大，現在不論食、衣、住、行、育、樂都能在網路上解決，而人們現在為什麼還需要到實體空間消費？主要是希望能在有趣的空間、貼心的服務與五感的體驗，因此空間創業的重點在於火（內容），火要燒得起來，金、木、水、土才能得以串聯，而商業的本身更需要不斷的優化，我們也需要不斷激勵腦子尋找創意，實現空間最美妙的環節：無可取代的體驗。

　　這裡我則將與前SOGO的總經理來聊聊，如何創造一個無可取代的體驗。

鄭瑋慶

現任
亞藍渥克商業生活研究所 創辦人

經歷
1992年進入臺灣太平洋集團，從最基層的企劃開發部經理，一直做到太平洋百貨公司臺灣地區代理總經理，之後籌備北京太平洋百貨公司西單店。之後擔任北京太運大廈有限公司董事，負責籌備北京君太百貨。2003年2月14日，出任武漢群光廣場總經理。2008年調任莊勝集團有限公司百貨事業本部，負責北京SOGO及武漢SOGO的經營事業，並於2009年受莊勝集團推薦以百貨事業本部總經理身份獲批出任武漢廣場總經理，負責經營及綜合管理。51歲時放棄了職業經理人的生涯，成立新的商業概念公司──亞藍渥克商業生活研究所。（鄭瑋慶也是業內少數歷經臺資、中外合資、國資百貨業態的職業經理人。）

出書前夕，因公來到大陸北京參訪北京的文創園區，想看看在不同的土地上，有沒有其他空間發展的可能性？就是在這時候認識了來自台灣，前太平洋台灣區代理總經理、現任亞藍渥克商業生活研究所的創辦人鄭瑋慶先生（以下簡稱鄭總），鄭總帶我們參訪了北京幾個頗具規模的文創園區：北京方家胡同46號院、西店記憶、文創小鎮、雪花1950文創園等等，在這參訪的其中，也看到來自台灣的青年在這裡創業，與他們聊聊在北京的一切，原來，在哪裡創業都不是問題，而是在於如何找出差異化，如何將空間與商品做連結，創作無可取代的體驗。

職業經理人這麼說：

● 無可取代的體驗以跨界實現

實體商業的本質在於服務，而要做好一個品牌，本質還是在於品牌的故事能夠打動人心，做好這些本質後更要隨著時代的發展不斷轉變思想。

有別於20世紀商業講究成本、效率、規模經濟，現在做商業、品牌的戰略基礎更多體現在對藝術、文化和對自然的尊重上；因為電商蓬勃地發展，人們喜歡與習慣在線上購物，實體空間對於我們的吸引力變弱，如果商品的陳列不能讓我們有感覺、沒有服務的加成，沒有信息的交流，線下的購買動力越趨薄弱，因此體驗式商業因應零售業的衰退而被提出。然而體驗式商業談了那麼久，遲遲未能有實際操作的行動方案，人人說五感體驗、無可取

代的體驗、前無古人的創意發想等等，都太過於抽象，而在我認為：跨界創新則是當下體驗式商業的突破口。

當你的思考想法太前衛時，有時反而讓人難以接受，這時候反而需要一點點、一點點讓人給人驚喜，而這就是所謂的一點點哲學，跨界也是這樣哲學的延伸，在本質上混合一點別的元素，創造新的可能，達到讓人驚豔卻不突兀的效果。而我從六個角度來理解跨界：要素的跨界、服務的跨界、商品的跨界、場景的跨界、功能的跨界、藝術的跨界。

一、**要素的跨界**。例如雲端高速傳送和電影院的跨界就是要素的跨界，也就是把雲端傳輸放進電影院。目前電影院都是實體的拷貝片，現在的跨界是在電影院可以通過雲端線上快速的輸送。

二、**服務的跨界**。最基本的就是便利商店也可以繳汽車的罰單、繳稅、繳帳單。而品牌複合概念店，可撥出空間做3D試穿的體驗，未來還有可能聘請有國際認證的設計師教你怎麼設計形象、教你怎麼搭配出自己的風格等，讓服務不僅只是單一項目。

三、**商品的跨界**。Gucci在意大利米蘭也做咖啡廳。

四、**場景的跨界**。比如誠品書店就將書店與生活藝術及精品做結合，而在香港大家都見得到的Pageone書店也有異曲同工之妙，將書店設計成像美術館，這就是場景的跨界。

五、**功能的跨界**。如上海k11購物中心，裡面有餐廳，旁邊種了蘑菇和青菜，點菜就可以當場切下來煮給你吃，裡面的場景就是農場，這些都是功能的跨界。

六、藝術的跨界。比如在意大利米蘭的10croso como，它是由時尚界的總編輯，轉行做精品自營店，經營除了精品以外，還有設計師酒店、美術館、書店、咖啡廳，更皆與藝術結合，這就是藝術上的跨界。

張家銘's highlight

而除了以上體驗式商業實踐的六種跨界方法外，我認為空間的跨界也是一種展現的形式，例如本書有提到設計辦公室與甜點教室的結合，迷你倉與會議空間，Share house（分租公寓）與社群媒體等串聯，不僅無形製造弱連結，更妥善運用存量空間，使空間的效益最大化。

● 小確幸是追求美好生活的提案人

很多人會問我：現在年輕人只喜歡小確幸，這樣對國家經濟有幫助嗎？這個現象不僅是在台灣，大陸的年輕人也是這麼想。現在是全體追求美好生活的世代，因此小店林立，個性化商品受到大眾的喜愛，這樣的獨立店在經營模式上不適合模組化、開連鎖店，卻能產生碎片式的聯結與跨界交匯，在大陸的文創園區有種趨勢，或許值得台灣的個性小店主參考：在園區裡面的人互相認識，互相結合，成為一股社群力量，而誰又知道，或許以後不一定是小眾發聲的世代呢？

張家銘's highlight

這將是個小眾聯盟的世代，他們將既競爭又合作，當一群獨立小店主聚集，不僅能串聯成力量，與大企業、連鎖體系達到抗衡，更是能為內容創造不可限量的可能性！

土 地產與輕資產規劃

　　空間創業者對於地產一定要有健康的心態，不能讓自己停留在房東就是死要錢，愛漲租的負面思考，而是應該以積極心態與所有權人友善相處，把房東視同自己重要的空間供應廠商，透過供應商管理的概念，健康面對，才是對的。當然，也有可能，因為好的運氣，就如前面所提到，房東也有可能變成你的投資人。

　　有初步的團隊，也想好要做什麼內容，在一開始我們也透過10個步驟來找到有趣的空間，但在這個「土地」這個專業領域還有許多問題，例如：項目運營團隊如何與資產達到好的、良善、平衡的關係？除了單純的租約以外有沒有其他的可能性？像我就有聽說文創小店與房東採取不同的租約：不是月付固定金額，而是類似百貨櫃位以報表抽%的方式進行，當然這需要一定談判的技巧（請回去複習談判九招！），而這樣的好處在於不會被固定的房租綁手腳，而還有很重要的一點是要和自己的商業談戀愛，不要和空間談戀愛！商業才是生意的核心，如果不自覺得被空間帶著走，那你的生意注定失敗！

　　接下來，我則將與不動產界的資深顧問Eric聊聊，土地還有什麼不同的可能性？

陳俊逸 Eric

現任

不動產資深投資顧問

畢業於淡江大學企研所，2002年赴美成為台灣第二位取得美國不動產協會頒發之投資師（CCIM），曾任恆世邦魏理仕（CBRE）台灣分公司投資部資深總監、豐置業股份有限公司執行董事，負責公司發展暨領導業務團隊，並歷任高力國際商業代理部經理、仲量聯行投資部副總，擁有超過20年的商用不動產經驗，並是台灣第二位國際認證不動產投資師，為國內少數精通商用不動產買賣及投資業務專才。

經歷

★高力國際商業代理部經理
★仲量聯行投資部副總經理
★恆豐置業執行董事
★恆世邦魏理仕（CBRE）台灣分公司投資部資深總監
★子樂投資股份有限公司資深顧問

我和Eric是在一次同行的聚會認識，因為概念、想法一樣，所以才會湊在一起，平常都會討論土地、空間與不動產相關的議題，因為很多小店主都會面臨租賃、買賣空間的問題，但就如裝潢一樣，一生只有那麼一、兩次，他們並不是想逃避問題，而是不知道自己的問題在哪？該問什麼問題？就像我上課時有學員問我：他開雞排店只跟房東簽一年約，現在房東要收回了該怎麼辦？我回答：真的不能怎麼辦，你趕快找下個點吧！而這樣的狀況屢見不鮮，在這裡我有二個觀念要告訴大家：一、合約具有法律效律，不是耍賴就能解決。二、一個月三萬、五萬的房租聽起來不多，但其實如果你希望能在同個地點做上五年的生意，也代表了上百萬的支出，這實在不能小覷，更應該謹慎面對！在這裡就是希望能解開小店主創業的盲點。

不動產資深顧問這麼說：

● 有IDEA加上有特色的空間就是好生意

做地產這麼久，看過許多房屋買賣與租賃，也想給創業中或是即將創業的小店主一些建議：即使是小店，但也不要把自己想得太小，因為你有你的Business（生意），也有Business Idea（生意頭腦），地產是你生意的載體而不是核心，要配合你的商業形態去思考，而不是就空間來想像你販售的物品。只要核心確定，山邊海角也能是生意！像是台中新社的薰衣草森林，而位於濱海公路的甜點店——亞尼克，就是很好的例子，只要當清楚自己的核心是什麼，有特色的空間就是加乘的利器。

● 了解空間創業的「眉角」

很多創業的小店主，在開店之前會跑去上很多課：做蛋糕的課、煮咖啡的課⋯⋯等等這些增強技術的課程，但卻對商業的進行或是空間的租賃關係一知半解，像是租賃時不知道什麼是幹旋單，和房東簽短期合約等等，最後常會蒙受大筆，而且是金錢上的損失，你能說這些不重要嗎？有專業的技術、有創意的行銷、有空間運營的概念，都是開店做「生意」缺一不可的要件，如同軟體與硬體是需要整合且不能分割的。

● 對事業有感情，而不是對土地有感情

台灣人有個觀念：覺得房地產保值，並且對土地有著感情，喜歡賺錢、貸款買房，還清貸款後、再買第二棟房，這雖然沒有錯，卻有個盲點：不動產對你的公司的角色是什麼？如果是為了投資不動產也罷，但如果只是一個平台，一個載體，最怕就是空有房產，卻拿不出週轉的資金。

而為了不使資產全綁死在不動產之上，租賃與售後租回[註1]是常使用的方式，此外還有眾籌[註2]、私募基金[註3]、企業貸款也可以參考。

張家銘's highlight
在空間裡做生意，要和你的生意，你的事業談戀愛，而不是與空間談戀愛！此外，不要將所有的錢投在不動產中，公司的資本只有房產而沒有現金流，是十分危險的。

註❶ 售後回租：又稱回租租賃或返租賃，將自製或外購的資產出售，然後向買方租回使用。售後回租的優點在於，它使設備製造企業或資產所有人（承租人）在保留資產使用權的前提下獲得所需的資金，同時又為出租人提供有利可圖的投資機會。

註❷ 眾籌：翻譯自國外crowd funding一詞，即大眾籌資，是一種「預消費」模式，用「團購＋預購」的形式，向公眾募集項目資金。眾籌利用互聯網和SNS傳播的特性，讓小企業家、藝術家或個人對公眾展示他們的創意，爭取大家的關註和支持，進而獲得所需要的資金援助。相對於傳統的融資方式，眾籌更為開放，能否獲得資金也不再是以項目的商業價值作為唯一標準。只要是公眾喜歡的項目，都可以通過眾籌方式獲得項目啟動的第一筆資金，且一般首次籌資的規模都不會很大，為更多小本經營或創作的人提供了無限的可能。

註❸ 私募基金（Privately Offered Fund）：是指一種針對少數投資者而私下（非公開）地募集資金併成立運作的投資基金，因此它又被稱為向特定對象募集的基金或「地下基金」，其方式基本有兩種：一是基於簽訂委托投資合同的契約型集合投資基金，二是基於共同出資入股成立股份公司的公司型集合投資基金。

● 房租怎樣才算貴？

　　總是會有人拿著他的空間月租來問我，他想做生意，租在這裡，或那裡合不合適？但這又回到重點不是你的載體，而是你的核心！我舉個例：如果你想在忠孝東路上開一間咖啡店，我會跟你說：太貴了！但如果是國際精品在同一的地點開設，對他們來說可能就是門划算的生意。一般空間創業中，租金應占營收的20%以下，而不應該讓租金成為生意的重擔！

⬟ 進駐園區或百貨不一定是好事

當空間創業文創品牌希望進入園區或是百貨櫃位時，應該要注意招商團隊、誰是管理團隊？我以前常舉一個例子：新竹風城，那裡一進去是一間星巴克，旁邊則是LUSH，仔細想想這樣的設櫃方式是不是有點奇怪？兩間都是香味濃鬱的品牌，雖然百貨給了最好的門口櫃位，卻讓客人在一進門即失去嗅覺，兩者都無法達到好的效果。而創業者在進入新興園區或百貨時也可以藉由這些細節來觀察是否值得？

金　找到好資金

　　如同之前所說，木：人才，火：內容，土：土地，金：資金，水：互聯網思維。金代表資本。很多人想要空間創業，發覺資本（錢）並不好找，因為，在這個空間產業領域當中，在台灣是比較少人在談論的。

　　現在的投資市場主要分兩大類：新資本（new money）與傳統資本（old money）。新資本關注：互聯網、生技醫療、科技類、電商等也就是所謂的新創產業，傳統資本（old money）則是還在關注「增量市場」：哪裏有地可以蓋，哪裡可以賣房等等。以前新資本覺得空間產業沒有爆發性，投入資金過多；傳統資本則覺得空間產業不靠譜，沒有所有權、沒有抵押品。因此空間創業面臨窘境其實一直存在，這條路也格外艱辛。

　　此外，有資金後該怎麼運用也是一個難題，這裡則會與商業律師談談，如何妥善運用資金？

黃沛聲

現任
立勤國際法律事務所主持律師

經歷
台灣中興大學法學院畢業，主修財經法律。
現為中國政法大學法學博士候選人、
IPBA環太平洋律師協會會員。

專長領域
★公司上市、上櫃案件、資本市場服務
★專利、商標、知識產權、網路技術等高新技術保護
★公司法、企業併購法、併購法律查核
★風險投資、創業投資法律規劃
★僑外資對台灣投資流程規劃暨申請、對大陸投資法
令輔導
★境外公司設立、合資公股權架構規劃
★涉外糾紛案件、兩岸商務爭議
★動物、寵物相關法令

我和黃律師因為空間經營的討論而熟識，而黃律師本身因為職業的關係也參與了很多空間創業的投資案，從沙拉連鎖餐廳、寵物旅館到月子中心，可說是包羅萬象、各式各樣，也因此除了法律方面的專業知識上，在股權分配、投資比例及最新的公司、境外公司架構設立等都具有實際操盤的經驗。

在我所提木、火、土、金、水五行概念之中，火是創業源頭之外，金是啟動所有事物的關鍵，金流的穩定度、週轉金的充裕程度影響到整個空間創業的繼續或結束，當事業規模擴大，開始有投資者的資金進來，合約的簽訂就相當重要，一個人經營還不錯，當有了投資者後卻鬧得不愉快而結束營業的例子時有所聞，但我們在這裡希望你不要閉門造車，如果因為投資有風險，合作有可能拆夥就不與人相處，在現在這個時代是行不通的，因此請來黃律師來和我們談談如何與人金錢往來又不傷感情，就是這個章節想要告訴大家的事。

商業律師這麼說：

● 合約定不好，創業只會倒

我從十年前就開始開律師事務所，從那個時候開始協助創投與專業投資人的案件，基本上客戶當找上律師時，多半是已經決定要做這門生意，需要律師在旁協助保障業主的權益，這是我的事務所主要承接的業務。

　　法律的好處在於讓團隊穩定，將所有資源都集結好，不要認為這件事沒有很重要，我曾看過許多例子：在早期公司還沒有賺錢的時候相安無事，當開始獲利的時候反而開始吵架，最後拆夥的案例。很多空間經營不下去都不是因為資金不足，反而是因為『人』。在一開始創業團隊一定要簽訂股東合約書，合約裡最重要的幾個內容：

第一、大家要出多少錢、股份分配需詳細記載。

　　第二、你會和這群人合夥創業，一定有些特殊因素，例如Ａ會料理，Ｂ會記帳，Ｃ會行銷等等，如果你們各自的東西仍歸為各自所有，那公司其實是個空殼，而投資空殼是沒有用的，這裡就該明定：**你們創造出的文案、技術、專利等都應歸屬公司所有。**

　　第三、**薪水多少錢也該白紙黑字列在合約中**，除了講明只出錢不做事以外，但大部份的人都是既出錢又出力，出錢還負責營運，這時常會有人有這樣的想法：做事的人可以少出點錢，也就是大家俗稱的技術股或乾股，但這種想法其實是混淆大家的責任與義務，也就是將出錢和做事所領到的薪水混為一談，可能一開始大家都沒有意見，但在賺錢精算後有一方就會發現吃虧了，那就會吵架了！正確的合約立定方式應該是：你可以出錢、也可以領錢，但應該是分開兩部分來看，如果你沒有錢，你可以去借，或是大家以私人的名義借你，投入公司之中，之後領薪水或分紅再還錢。但要注意一點：如果有人借錢進來當股東，股份先不能全數給他，避免捲「股」而逃的問題。也因為合約中會提到誰要做多少事及領多少錢，通常也配合到所謂的員工選擇權、分期發放制度等等，這裡則需附件創始人的員工合約。

第四、**如果創始人離職時，公司有權利買回股票**，因為創辦人在投資一輪、二輪、三輪之後，很可能原本創始人的全部股權加起來已經少於百分之五十，經營權是相對弱勢，若是有某些創始人離職卻能保留股份，留在崗位上奮鬥的創始人除了心理不是滋味外，能供給投資人投資的空間就不大夠了。但其實若是少於五十也沒有什麼關係，創投的股東們重點是賺錢而不是經營權，若是找到正派的投資人，他們不會想搶你的經營權，相對的還怕創始人的持股比太低，以免利害關係變得薄弱，這個關鍵數字在幾輪後為3成，當你低於30%時，你可能會開始意興闌珊，覺得做好也不是自己的，何必來淌混水呢？若是公司收回離職創辦人股份而保有一定的股份，不僅方針不會偏離，其實也能安股東們的心。

張家銘's highlight

當大家會一起出來創業，通常都是很熟的朋友，或是對彼此很有信心，但因為這個「熟」字，反而在討論細節時，永遠談不到重點，尤其是金錢，大家總覺得談錢傷感情而不好開口，這時反而第三方（律師）的介入，能讓事情迅速定位。

⬟ 在關鍵時刻拿關鍵的錢

空間創業可能是一人獨資，也可能是大夥一起合作，但更有可能是你成功了，投資者看到了，進來投資你。有時我們常會聽到這樣的事：一個常來你店裡消費的客人，和你熟識後，了解你的運作形態後決定助你一臂之力，這樣的投資者我們當然很歡迎，這表示你的事業在他們眼中看來是有發展，值得經營的。然而，

當有人想投資我們就應該讓錢進來嗎？這常是一般創業者所遇到的問題。

　　首先一定要知道資金進來後該如何運用，不然將只是單純稀釋股份、稀釋獲利而已，如果進來的資源對公司是有利，例如換進來的資源可以讓公司成長三倍，那股份稀釋聽來就相當合理，但如果沒有想清楚，當然不要拿錢，知道怎麼運用投資款項才是一位好的創業者，也才是投資者想要加入的公司。像我常舉一個例子：臺北的某知名美式早午餐餐廳為什麼能衝得這麼快，就是在於懂得在關鍵時刻拿關鍵的錢，拿去做單店時不會做的事情，例如原本只需做區域行銷，現在則需要做品牌廣告、上雜誌媒體專訪等等，這些都有助於品牌形象的建立，有助於未來做加盟、價格調升的基礎等等。而當有資金時，我們也該反思，現在單店經營得很好，但到了五間店時是不是能達到一樣的品質？才不會只是一路往前衝卻無法掌控到全局。

> 張家銘's highlight
>
> 現在很多人開店有著遠大的夢想，舉著職人的牌子，卻閉門造車，不願意與人合作，這時候我總會和他們說：你覺得開車開山路危險？還是開高速公路危險？雖然開山路車速很慢、而開高速公路車速很快，但其實風險是一樣大的。我認為現在的趨勢是「找一群人開高速公路」。現在的時代變動太快了，你可能想著五年後，我就能存到一筆錢，就能怎樣怎樣……，但說不定明年就變了！就像10年前的你，想像得到現在使用智慧型手機的便利嗎？現在很多創業者有著心魔，可能是家長的觀念，也可能是看到朋友失敗的經驗，但其實我認為「放寬心」，害怕是因為對於未知的恐懼，做足功課，這一切並不如想像中的令人需要擔心。

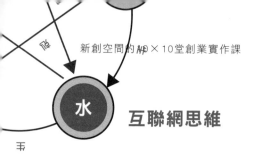

互聯網思維

　　如同之前所說，木：人才，火：內容，土：土地，金：資金，水：互聯網思維。水代表的是互聯網精神。你可以將每個客人想成是一顆水滴般，水能透過引導，讓客源順順的流進你的空間。而這個連通的管道，即是將互聯網精神貫穿到實體的空間體驗。

　　這是一個互聯網時代，所有的人都被無形的網所牽制住，同時也享受這張網帶給我們的便利。如今的商業模式常是人們從線上（fb、google）得到你公司的訊息，這也代表空間創業者，雖是以實體空間為出發，但是互聯網精神是絕對不能忘，現在如果還妄想靠過路客來支持你的生意，那你一定肯定會大失所望。

　　未來的電商＝店商，沒有一家企業會是單純的線上或是線下企業，每個企業必定要存有線上、線下融合的觀念。身為空間產業者一定要多多跟互聯網企業學習，讓自己更懂得運用互聯網，讓自己的空間得到最佳的人流，以及在線下的接觸當中，更精細的觀察客戶，引導客戶將使用經歷反饋回到線上作為日後優化的依據。

　　OTA（線上訂房）是目前互聯網思維相對成熟的產業，因此接下來則是與OTA的業界達人Bob來做討論。

黃偉祥 Bob

現任

白石數位旅宿管理顧問有限公司 創辦人

經歷

國內外飯店經驗

台南觀光產業品質 提升計畫 講師

紅色子房投資團隊 顧問

礁溪溫泉旅館、台北潮流旅宿 共同創辦人

泛太平洋旅館管理顧問(股)有限公司 董事

Agoda.com (Priceline Group)

eLong.com(Expedia Group、Ctrip Series)

《HOLD住你的微型旅宿》作者

微信 客棧大學 講師

臺北市觀光傳播局105年度旅館從業人員講習 講師

當初和Bob是因為一個旅館的聚會而認識，當時我的會員們都覺得開旅館很簡單，有個空間就能賺錢，把照片丟上OTA（線上訂房）客人就會自己來，殊不知OTA的抽傭十分高，再加上如果沒有使用對的策略，和周圍打價格戰，最後只是比誰銀彈多，比誰先戰死沙場而已，因此我請Bob來說明。如何將線上整合到線下消費，最後再回饋到線上，就如之前所說：未來的電商＝店商，沒有一家企業會是單純的線上或是線下企業，每個企業必定要存有線上線下融合的觀念。

OTA達人這麼說：

● 思考在前頭

我是飯店管理出身，再加入OTA之前是在五星級飯店的業務部門工作，工作幾年後，傳統的行銷方式滿足不了我，在2012年進入剛在台灣起步的Agoda，當時一個月要簽一百多家飯店，說服傳統在門口放上「今日有房」牌子的這些飯店民宿業者，將房間拿到線上販售，那兩年的時間我做的就是O2O（On Line to Off Line虛實整合）的工作，而令人驚訝的是五年前Agoda才在台灣設立公司，但現在多少人會使用線上訂房平台？這也代表了資訊傳播的快速與廣泛度。

這方面大陸的電商較台灣早起步，也更為全面。現在微信已經能線上訂房，這代表什麼？比如說：我們在微信聊天聊到我們要去墾丁玩，你ok我ok，找到飯店用微信訂房、用微信支付，也

就是所謂的第三方支付^(註)付錢，一分鐘就能搞定所有事，飯店端後台也能使用微信管理，用微信改價格、上照片確認訂單等等，但在台灣，我們還在拿信用卡付款，看信箱才能知道是否訂房成功，飯店也需要連接官網進入後台才能修改，當然這與政府的政策有關，但身為空間創業者，應該要知道這是現在進行式，未來的變動只會更劇烈，如何搶在浪頭，是需要思考的。

註 第三方支付這是指電子商務企業或是具實力及信用保障的獨立機構，與銀行之間（雙方需簽約），建立一個中立的支付平台，提供與銀行支付結算系統介面，為線上購物者提供資金劃撥的通路及服務之網路支付模式。

⬠ OTA不是萬靈丹，能載舟亦能覆舟

一般旅宿經營者只知OTA其一不知其二，也就是常把照片PO上去就了事，覺得這樣客人就能源源不絕，沒有想過後續如何將客人從OTA轉回自身網站，當來客量不足只是怪OTA抽傭太高，殊不知做生意不能只仰賴一種方法，不然只會成為毒藥。**我們不能依賴而是要利用OTA。**

舉例來說臺北某旅館集團的分配就是十分值得學習的典範，7成官網3成OTA，而他們是怎麼做到的？關鍵在於引流，將OTA而來的客人保留住，享有回客率，這並不是讓客人回來時還是使用OTA訂房，這對於客人雖然方便，但卻會稀釋你的利潤，臺北旅店的作法是：即使你是因為線上訂房而來的客人，入住前會給你一封電子歡迎信件：歡迎你入住，退房時會告訴你可以加入官網會員，下次再入住能夠享有優惠，這樣當然會有良善的效

果，導引顧客到自己的官網。而這不是告訴我們，當每天滿房後就不再使用OTA，因為他會帶新客人給你，否則當你將舊客資源耗盡，可能又會再回到一開始線上訂房較多的狀況，而形成惡性循環。

張家銘's highlight
旅館客人最理想的分配為3：7，3成OTA，7成官網。

● 創業需要勇氣，但不是要你當莽夫

創造一個空間並不難，有錢、有點子、有物件就可以了，但是創造一個有吸引力的空間就沒有那麼容易。現在很多空間創業者是做了再說，不好就關，這完全錯了，雖然創業需要勇氣，但不是要你做個莽夫。舉操作旅館為例，在旅館還沒完工之時，OTA就要同時進行，同時進行不是說如果七月完工開業，這時才和OTA簽約，因為客人都是提前訂房的，五月就要與OTA簽約，才能在七月開幕時就有客人住房。但很多人都是七月完工後才簽約，九月接受訂房，十月才開始有客人入住，那七、八、九是要空轉嗎？

再來是將產品拿到線上賣時要注意你的硬體和軟體狀態，不然常會造成負面影響，線上評價很快就會出來：空間濕氣太重、隔音太差、不衛生、不乾淨等等，當你的硬體不好，一味的拿到線上賣，只會越賣越差、越賣越低價，因此我常跟人說：要等到一切妥當才開賣！（但不是才簽約噢！）

● 有內容還不夠，要能打中目標族群

很多人以為只要有個空間就能在AIR B&B上賣，沒錯，你當然可以賣，但這件事有沒有效益？或者是說效益在哪裡？不要以為家裡有空間就可以做日租，你要知道操作一間民宿、操作一間日租是多麼不容易，人力可以找親朋好友幫忙，但要曝光，要在市場脫穎而出卻不是那麼簡單，旅宿市場是非常非常競爭的，舉台南為例，每兩天就有一間日租，而旅客為什麼要來你這裡住？

我常強調，要有行銷手法去操作物件，例如：麥當勞在選擇它的店面、入口時會搜尋掌握許多情報：當地的消費族群、上下班的車流量等等，但我發現有些人在創業時完全沒有考慮這些，他只注意裡面的東西，而忽略了與外在的連結：這個商品在這個區域有沒有市場，文案能不能打中目標族群？等等。

其次則是做出「區隔行銷」，你的商品是不是具有獨特性？是不是能與周遭的店家、商品做出區隔？例如台中紅點旅店就是一個好的例子：其首創在飯店做了溜滑梯，即和當地的其他旅館做出差別性與獨特性。而我另一個青年旅館的案子則是在開賣前提供外國人在台灣拍影片時的拍攝場地，他們的影片在youtube就有超過65萬訂戶，還沒開始營業，就已經滿房，這樣運用線上（影片）抓到線下，再拿到線上賣，也告訴我們**現在創業比得不是在財力多雄厚，而是腦袋裡有多少創意。**

PART 3

創造有趣的事，
還能賺錢

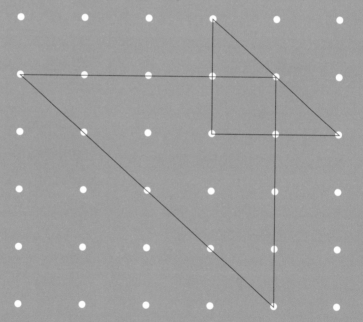

CASE 01
台灣獨創親子好「趣」處
大樹先生的家！

雖是面向安和路，周圍寧靜的街區，發散出安逸恬淡的氣息，鑲著著紅磚的入口，因懸掛著的倫敦地鐵招牌，讓人一下子便注意到：大樹站到了！大樹先生的家就在這兒。通往地下入口的階梯像是說著歡迎光臨，樓梯側邊是娃娃車的迷你停車場，前往這神秘的地下空間，孩子肆無忌憚的玩鬧聲在大門開啟的那一剎那，一股腦地湧出來，工作人員掛著耳Mic親切地帶位，映入眼簾的是球池、扮家家酒區、玩水區等，不同年齡層的孩子，在各別區域玩得不亦樂乎，家長在一旁喝著咖啡偷閒，遊戲區的空間大於餐飲區，大人和小孩們放鬆且舒心的神情，說明大樹先生的家的確是「好玩」又「好吃」！

⬠ 重新定義親子餐廳的全新輪廓

當初和Eddie也是在一次的聚會中認識，才知道他是大樹先生的創辦人之一。有著經濟碩士學位的他，在2014年春天開始親子餐廳的事業，從第一間位在潮州街的「大樹先生的家」營運成功後，在安和路開設第二間分店，接著陸續開立台中分店以及第

循著倫敦地鐵的招牌，閃閃發光的巨大時鐘和經典路燈，傳達出濃濃的英倫風情。

四間的海外香港分店，年底更將觸角延伸到台灣南部，第五間分店則將在高雄開幕。

前陣子跟朋友閒聊，我們對於「大樹先生」在短時間就有如此亮眼的成績，有許多討論，發現一切不是「幸運」兩字可解釋，我很好奇地想知道最初創業的契機。Eddie說，決定跳下來經營親子餐廳，的確是因為看見台灣市場有親子餐廳的缺口。他觀察到在歐美的親子餐廳和台灣所謂的「親子餐廳」有著頗大的落差，他和夥伴重新考量在地文化和孩童的需求，描繪出新的親子餐廳輪廓：鎖定0～6歲學齡前的兒童，強調健康、安全的玩樂設施，要讓住在都市的孩子們，也有一個能夠安心玩耍的空間，而不是只能滑手機或玩iPad。「球池」、「白沙」、「迷你水池」、「爬行軟墊」等設施，皆是考量兒童實際發生的動作、觸碰、感受和體驗，精緻而多元激發孩子們最根本「玩的本能」；同時，把華人相當注重的「吃」的元素以「配角」的方式加入此親子遊戲空間，打造出「有吃」又「有玩」大樹先生的家！

⬠ 和蛋黃區SAY NO！一反常態的找點策略

經營實體的事業，地點與空間的抉擇，往往決定了成敗！要有足夠的遊戲空間和餐飲空間，並各抓50%左右，這是Eddie與團隊一開始找點的基礎考量點。創始店位於較為悠靜的潮州街，相對於鄰近的金華街或青田街，不僅隱密也較無商業發展，離捷運站又近，一樓的百坪空間，戶外庭院也同樣一百坪，院內佇立的老樹給人「家」一般的溫馨感受，他們立刻決定：就是這裡了！他笑說，看完房子的第三天就透過仲介付斡旋金。

大樹先生創始店──莊園式親子
餐廳，戶外的玩沙區和遊戲區都
是此店的重頭戲。

可愛的馬戲團帳篷刻意安放在戶外與室
內的交接處，在球池玩耍的小朋友也能
夠享受到戶外的陽光與徐徐微風。

1

入口處打造出幾可
亂真的倫敦地鐵招
牌，路燈和指示都
讓人宛如置身地鐵
站。

2

櫃台有工作人員負
責帶位，按照預定
的人數，帶到提前
準備好的桌號。

3

古銅色的雕花圍籬
將走道與遊戲區浪
漫地隔絕開來，不
會干擾到來往的動
線。

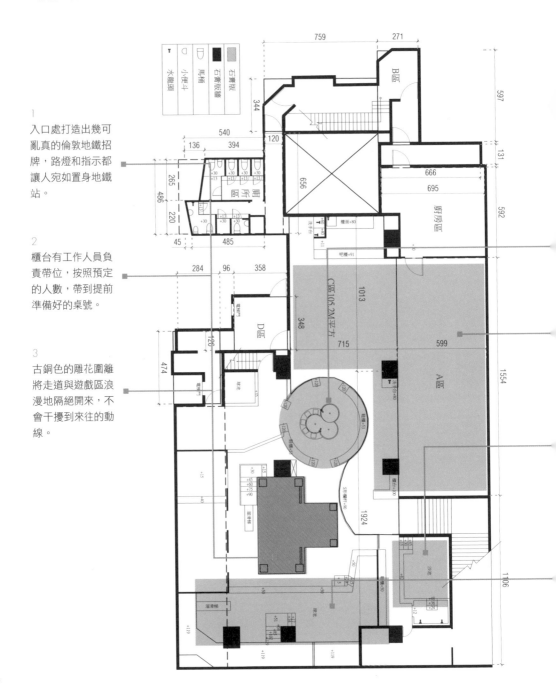

「很多人可能會選擇在最熱鬧或精華的地段開設第一間店，希望藉由地點的優勢帶來更多的人氣和商機；但我們避開蛋黃區，雖然選擇略為隱密，是單一寬敞樓面，但因鄰近捷運站，交通便利親子行走或娃娃車推動，別人認為不太好的點，對我們來說卻是最合適開設親子餐廳。」然而才剛營運的香港店，卻是開在位在九龍半島的Shopping mall裡面！Eddie認為，找合適的點而非搶手的點，等到事業營運成熟，自然會有購物中心或百貨公司找上門，以優惠的價格提出合作方案，屆時就會有更多的選擇。

大樹先生並沒有一個制式的樣貌，不擔心其他同業Copy，而是隨著每次的拓點計畫，在不同的空間條件與環境下，創造多變又迷人的大樹先生，第一間潮州店為擁有百坪庭院的莊園風格；第二間安和店因位在地下室，包裝成倫敦地鐵站，要親子們一同探入神祕地道；善用基地特性和硬體結構，打造獨一無二的親子餐廳，期望帶給親子們獨一無二的「線下體驗」；第三間台中崇德店因有著6～8公尺的挑高空間，設定為馬戲團主題。

⌂ 房東聽不懂親子餐廳！設計師不熟悉幼兒空間？

在租賃空間和設計的過程中，Eddie坦言，真的是屢屢碰壁！當初租房時遇到最大的問題之一就是：房東不知道什麼是「親子餐廳」！現在可能年輕一代都比較了解所謂的親子餐廳是什麼樣子，但其實很多房東都是50～60歲之間，又剛好介於沒有孫子的狀態，他們擔心會不會像湯姆熊？或是像幼稚園？他們無法想像，只擔心我們會不會把他們房子弄壞。

4
花園水池區結合小朋友座椅，採用流動式逆滲透飲水等級的水，孩子喝到水也不擔心。

5
餐廳區以磚牆壁紙圍塑出輕鬆且愉悅的英倫用餐空間。

6
玩沙區旁邊特別規畫清洗專區，可讓家長在此沖洗掉沾在小孩身上的沙。

7
球池區結合溜滑梯和遊樂設施，旁邊的木椅提供家長在旁觀看休息。

很多人在進行空間創業時，承租時會和房東溝通事業的理念和願景，但這招有的時候不管用，建議退回最原始的房東需求，按他所擔心的部分去解套，比方說格局不要大動或是廚房要有安全性的設備規劃等等，重點是讓房東安心，得到他們的信賴，才能合作愉快。其次，是多數的空間設計師對於幼兒環境和設施的需求並不清楚，常設計出許多並不符合真實的使用需求！

在做第一間店的時候真的很辛苦，希望能夠做出理想中的樣貌，又加上有預算上的限制，找不到合適的設計師，只好自己畫設計圖，自己盯著工班做！雖然隨著不斷開設分店，現已和固定配合的空間設計公司培養出默契，降低設計階段的溝通成本，但Eddie至今仍堅持親自畫設計圖，甚至去上3D繪圖課程，就是為了確保打造出最符合親子需求的大樹先生！

⬠ 軟硬兼施，打造夯翻天的「線下親子時代」

很多人以為親子餐廳只需要把硬體作好，但其實軟體更是不可或缺的重要元素！強調原創，大樹先生以先驅者的角色，看準市場的需求，成員英、美、日、台灣等各國教育相關背景的專業人才，設計團隊針對學齡前孩童在五感和行為上的學習方向，規劃出最適合孩子們的遊戲空間；而家長所擔心的安全和衛生問題，交由現場具有耐心和熟悉親子需求的服務團隊，隨時引導、解說和看顧，防堵危險狀況的產生；這些都是其能藉由口碑行銷，從其他親子餐廳中勝出的原因。

　　由於採取「電話預約制」，如同電影場次的經營概念，可確保現場的人數、環境使用狀況與服務的品質，所有營運的數字和會員資料都能精確地掌握。今年來客數已達40萬人，訂位和Party包場是主要的收入來源，但最近也開始嘗試與相同TA的品牌合作，以提供通路零售服務，也有5～6成的成效；持續關注這群客戶還有哪些需求沒有被滿足的？創造更多「加值」的服務，不僅是為獲取更多利益，而是測試出更完整、可複製的商業模組。Eddie坦言，先驅者的腦袋是不一樣的，會不斷調整整個團隊和人，即便有人採同一個商業模式，也不一定做得出成果；他們不停地觀察市場，每半年一間新店是公司所設立的目標。

　　由於國內市場很小，許多台灣的投資者只看單點的獲利模式，但外地的投資者是看是否你能夠製成模組，能夠輕易地複製並擴散到其他地方。他深信，這是團隊持續努力的方向，亦是大樹先生能深根台灣並在世界各地開枝散葉的絕佳關鍵，開創不被科技時代所淹沒的「02020親子時代」！

體驗式
空間設計

■ 沙坑採用了高爾夫球場級的白細沙，觸感細緻且較不沾黏，
玩完後也容易清理。

■ 獨家招牌的巨大球池，也特別規劃出0～24個月
的專區，爬行軟墊和迷你球，可以活化身體肌肉
彈性與張力，好符合不同年齡層的玩樂需求。

■ 水池區採用逆滲透的乾淨水，孩子喝了不需要擔
心，部分嵌入娃娃椅讓年齡更小的孩子也可以自
在玩水。

■ 用餐區以可以隨時移動和組
合的小桌子椅為主，依據當
日來客和活動，創造最靈活
的使用可能。

五行創業檢視

🔶 木：人才

招聘策略：專挑沒有餐飲經驗，極度喜歡小孩，認同大樹先生理念的人。台灣並沒有所謂「親子餐廳」的專業人才，透過號召這樣的一群人，從工作中培養他們，甚至是「篩選」出最合適的職員，建立屬於大樹先生的軟體資產，即便今天他們要出去開分店，也有利於整體的事業發展；其次，擬定獎勵策略，刺激銷售並提升服務！由於自己曾作過百貨業，很清楚KPI會決定員工的行為並直接影響服務品質，因此刻意劃分出第一線員工和業務端員工的KPI，如來電客戶滿意度調查和訂位成交數量等，不僅可以顧好眼前的客戶，也能持續開拓未來的客戶。

張家銘's highlight

要真正了解「員工要的」是什麼？因為每個人要的東西是不一樣的！要給予他們要的，才能留得住人材。從職位(如儲備店長)、薪水、紅利、股份等，甚至未來要開分店等等，有著開闊的胸襟和正確的心態，就能夠吸引並留住對的人，走向長遠的發展。

🔴 火：內容

例如在遊戲空間的體驗，室內玩沙和玩水都是很容易造成混亂的，但我們願意去做，並且想辦法提供適當的協助減少父母的負擔，給予貼心且特殊的體驗，比如幫忙小孩子穿小雨衣，或準備吹風機把身上的沙吹走等。在餐廳環境，我們創造一個同質性高的地方，所有客人和工作人員都能了解孩子吵鬧、打翻碗盤、父母要求食物剪刀、奶瓶加熱水等等的狀況，都是隨時隨地可被接納的，不會因為這些事情而慘遭白眼，能夠感受大樹先生量身訂作的那一份舒適與自在。

🔵 土：土地

隨著線上市場越來越盛行，對我們實體空間來說反而是一種優勢。這半年來零售相關的產業頻繁地主動尋求合作機會，有很多的議價能力！我們在面對地產的態度是非常務實和實際的，選擇蛋白區，地點是否對準需求，價格是否在不造成負擔的範圍即可。老實說，即便是附屬在百貨下，租金和抽傭也會成為一個極大的負擔，一但營運不佳，很快又被踢掉，有沒有達到品牌知名度的提升，也是一個問號。我們跟房東之間都是簽長約，通常是五年，一定都會談優先承租方的條件。

> **張家銘's highlight**
> 建議可以思考「是否要把房子給買下」，前提是事業體系夠建全，若以長遠的投資觀點去看，是一個不錯的策略，例如像麥當勞就有投資房地產。而就經驗分享，前一到三年是重營運，不要想地產的事情，可以一邊搜集情報，再準備出手就好。

🔵 金：資金

第一筆起動資金是自己籌措，來自親友。一開始都是以「店賺店」，用前一間店賺的錢去開下一間店，Eddie認為，在台灣若沒有作出一定的成績，很難引進外資或其他的資金；當開設第二間跨城市的分店後，商業模式有了雛型，且已有複製成功的案例，再去找資金會有更大的成效！

張家銘's highlight

創業的第一批錢還是要自己砸，拿真金白銀，跳下去做！至少做出一個比較真實的東西後，才能夠拿著更大的藍圖去說服投資者；如果只有一口的好企劃，投資者什麼都沒有看到，是不容易拿到他們口袋裡的錢！

🔵 水：互聯網思維

現在的主力還是在實體的營運，但回想一開始創業時，有一個設計背景的夥伴，會幫小朋友拍多可愛的紀錄照片，我們一次就上傳四、五十張到粉絲頁，家長們就會很高興自己的孩子登上大樹先生的版面，都會按讚或轉貼，持續半年到一年的時間，為粉絲頁帶來驚人的流量（目標客群）。我們發現「父母」依然是最棒的行銷管道，像是很多部落客媽媽也都會主動地分享他們來店的心得，因為TA是非常明確的，親子族群有著很強的互聯網體系，資訊都會互相傳來傳去。現在有位專業的行銷人員會不定期PO出一些重要的訊息，像是香港店開幕或相關的活動預告等等。

CASE 02

空間設計師的密謀
設計者的共生公寓！

從二二八公園緩步踏出，往懷寧街的方向走，老舊騎樓底下，仔細循著門牌號碼，找到對的入口，乘著電梯抵達位在九樓的直方設計。玻璃門後藏著與一般想像不同的辦公空間，一股誘人的奶油香氣撲鼻而來，嗅覺引導了視覺，開放式的廚房空間令人聯想到甜點教室，前方的沙發區和造型書櫃，有兩個人正輕鬆地聊著天，往右側望去，長桌上豎立著好幾台蘋果電腦，暗示著這裡是個設計工作室，走道底端的右手邊是個水泥方盒般的空間，盆栽高低坐落在鐵架之間，兩側幾乎占滿90%牆面的玻璃，將樓下如樂高玩具般的街區景緻拉到你面前，在圓桌前坐下的剎那，讓人忍不住要說：老闆，來杯Americano吧！

⬠ 從紐約到台北，返璞歸根的旅程

能有在海外生活、工作的經驗對我來說，似乎是有點遙不可及的，但也總是認識許多在世界繞了一圈後，最終還是回到出生地的人們，Michael就是其中一個。大學畢業於東海建築系，當完

盡可能卸除舊有的裝潢，展現原有的結構以及紋理，恢復它原來的水泥樣態；透過植栽和藝術掛畫作為溫暖的色彩點綴。

兵後就飛去美國費城攻讀碩士，取得學位後前往紐約工作，他曾
在兩間事務所服務過，最後是在一間位在曼哈頓的事務所，服務
的業主都是世界上0.5%最有錢的菁英白人。

　　「我們曾幫一個才三十出頭的年輕人，設計他的家和專屬的碼
頭，因為他擁有一座私人的島嶼，每天他必須要開水上飛機到私
人碼頭，再走路去上班。」Michael的確在美國開了眼界，見識
到位在金字塔頂端的這一群人們，卻也因此擁有強大的不真實
感，他認為生活是虛幻的，即使參與這些豪宅設計，仍然與當地
的上流社會圈子有著極大的隔閡，加上語言和文化的差異，再怎
麼努力也無法融入其中。

呼應地面平行線條的鐵製造型書櫃，以釘牆的方式固定，不僅可以放置書籍雜製供閱覽，更成就沙發區充滿書香氣息的端景。

會議室雙面採光，格子鐵架子上擺製生氣勃勃的綠色植栽，與窗後的公園遠景遙相呼應，手動旋轉窗戶更增加空間趣味性。

　　其次，工作也無法落實理念。Michael說，設計師的成就感來自於為業主提供建議和設計的解決方案，當時接觸的很多業主，因著預算充足，很多時候是能為所欲為的，與設計師之間沒有太多真實的互動。六年之後回到台灣，在這個土生土長的所在，有最直接且真實有力的連結，在大型事務所累積一年的經驗後，決定出來創業；他常說，他在追求一種真實，真實的空間和真實的人和真實的互動。

⬠ 有直有方，一個與名字吻合的空間

　　雖然曾經與人一起合作，但考慮到自己的理想，Michael重新尋找落腳地，一個合適的空間。就像我說的，很多人常常心裡想著A，最後真正承租的是B！就像他自己說的，誰會想到空間設計公司的辦公室會在城中區呢？直方設計有限公司的名字，取自於易經坤卦的「直方」，具備順應自然的獨特性，主張變化、包容、不拘一格的本質。這個空間從結構硬體到運作概念，真真實實地彰顯出何為「直方設計」。

1
入口進去，可以看
見一字型的空間，
往兩側延伸。

2
以隱藏門包覆廁所
和淋浴衛生間的入
口，自外觀更顯一
致性。

3
運用衛廁前面的方
型區做為儲藏區
域，做為各種彈性
使用。

4
廚房採開放式的中
島設計，創造出靈
活運用的回字動
線。

5
沙發區和用餐區相
互開放，勾勒出悠
閒愜意的休憩空
間。

7
兩側以大面積落地窗接光，玻
璃摺疊門做為會議室與工作區
域的隔間。

6
將最好的視野留給工作區域，
隨時遠眺二二八公園。

Michael說，原本鎖定的辦公室位址是永康街那一帶，花了九個月的時間，一間也沒找到。結果誤打誤撞，來到這裡看一間老房子，原本不帶期望的他，進門後，卻被面向二二八公園的綠意窗景給深深吸引，心裡的聲音告訴他：就是這裡了！而非常神奇的是，空間的格局是L型，依照樑柱的位置，可劃分成一格格方塊，一處又直又方的基地。

擅長設計商業空間的直方設計，深信設計是動態的，認為應該把限制或問題點轉化為機會，空間才有機會在自身特質上，延展出各種可能性。以這間老房子來說，他打破一般人對於辦公空間的想像，極致地簡化裝潢程序，將天花板以家具界定區域，全開放式的無隔間設計。Michael希望可以讓這間房子「回歸」到最真實的樣貌，而何為最真實的樣貌？說穿了，也是來自於他自身獨到的想像。

⬠ 工作室不只像家，還可以像咖啡廳？

Michael表示，設計許多服飾店、咖啡店和餐廳之後，陸陸續續有很多年輕業主找上門，跟他說：「Michael，你設計的咖啡廳，我們超喜歡的！我這邊有一個老房子……。」這些年輕人們，告訴他，他們想要把家裡弄得像他設計的咖啡廳或餐廳，因為他們不只是住在裡面，他們的工作室也在家裡，更需要有空間接待前來討論工作的人們；他發現，「家」隨著工作型態的轉變，已經有著不同的樣貌和可能性。

新世代對於空間已經有更多彈性的使用方式，對於空間的定義也不再侷限於「住宅」、「商用」或「辦公」，更多的時候是將

三者相互融合在一起，生活與工作已經不再有制式化的區隔和鮮明的界線了。「所以當初我在設計這裡的時候，就刻意讓「住」跟「吃」，也在辦公空間裡發生，讓它變成一個辦公、商用、住宅三合一的特殊空間，以後我的業主來就可以看見這樣的一個新型態空間。」

L型的空間中，自樑柱的位置畫出隱形的線條，便能區隔出「臥室」、「衛浴」、「中島廚房」、「餐桌」、「沙發區」、「公用長桌區」、「會議區」，以機能串聯起整個生活場域，寬敞無礙零隔間，工作與閒暇亦能隨興切換。Michael用設計傢俱的方式來解決功能性的需求，而不是透過裝潢，可移動式的書櫃、滾輪抽屜，以及可摺疊重組的書桌等，為空間帶來更多可能性！

⌂ 空間過剩，不如組個設計者的共生公寓吧！

正式進駐之後，Michael實在感受到，這寬敞的單層公寓，對僅有三個人的公司組織而言，還是太大了。他笑說，那時設計一個中島廚房和大型餐桌，就是希望業主來的時候，自己可以化身型男主廚，為對方精心烹飪好料，一起邊享用邊討論案子；但實際上，上班就已經累個半死了，哪還有時間捲袖進庖廚呢？Michael：「這麼大的空間自己用也很孤單，乾脆問問老友有什麼想法好了！」

我這時候也算是派上用場了，我們第一個想法就是「分租」。但畢竟每個空間有不同的屬性，到底什麼樣人可以適合在同一個地方「共生」，都需要不斷嘗試，我們決定先把「廚房空間」出租，也把長桌的位子個別出租。雋永R不動產以專案的方式跟

Michael合作，包括在網站和FB上面曝光此分租的訊息，安排面試，從中篩選出可能的「共生」夥伴。

第一個進來的是名叫Olive的女生，她自創OlivesBaking品牌，承租廚房空間，平時在廚房裡研發好吃的甜點，還提供同事們經濟實惠的活力早午餐；周末運用公司無人的時候，揪吃飯團、揪學做甜點團，空間得以被完善運用。

後來，平面設計師ChiaoChi進來；Michael和這些好鄰居都變成不錯的朋友，每天工作不只是面對電腦畫圖，除了業主和工班，有好多有趣的人可以認識、好玩的活動，更有好吃的食物，這樣的共生公寓豈不是挺有趣？

一般辦公室有個茶水間就很了不起，但這裡可是有著甜點師傅的專業廚房，Olive每日限量推出鹹食和甜點！餓了就隨時order一份下午茶吧！

將舊有天花板都拆除，新的天花板也和樑柱間有安全間隔，使新設計的東西和舊有的東西都「脫開」，保有各自的獨立性；所有家具都可以輕易移動，依照不同需求，挪出不同尺度的空間。

把不要的老書桌給撿回來重新上漆，變成宛如當代藝術品般的工作桌；長桌使用特殊五金構造，可隨時摺疊和移動。

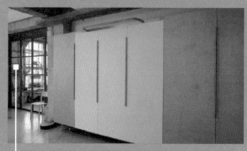

大面積的雙色櫃體內暗藏玄機，拉下中間的手把，就瞬間變出一張床，讓工作室一秒變臥室！

開放式的造型書架，讓人宛如置身在咖啡廳一般，整面設計書訴說著與此空間相對應的故事。

五行創業檢視

⬠ 木：人才

規模較迷你的空間設計工作室，相對而言是比較困難留住員工的！因為很多人在這裡待了三年左右，就可以學習到足以讓其獨立接案的技能，所有流程也都相當熟悉，如果沒有更具有挑戰性的大型設計案，很容易讓人覺得受到侷限，因此透過與雋永R不動產合作，共同企劃出一些有趣議題，共同發想與製作，除了是對自己設計能量的要求之外，也希望藉此吸引更多年輕新血加入組織。讓設計工作變得更有趣，相信人才會不斷的加入。

> 張家銘's highlight
>
> 以前曾上過一堂生態工程的課程，教授曾說過：「無論如何，一定要有生態多樣性。」這個概念也說明了工作的場域，在Michael的設計公司裡，可以接觸到料理的相關活動，認識平面設計師；在一般的大型事務所多半只能習得「技能」與知識；這裡卻可以體驗生活的多樣化，結交不同領域的朋友，參與更多好玩的活動。

🔴 火：內容

消彌制式的商業空間與居住空間的界線，藉由我們這個空間去展示，有別於一般人對於空間的想像。這裡既像是餐廳、又像是咖啡廳，不但可以在裡面工作，要在裡面住也可以，是一個不斷「優化」和進行空間實驗的所在，帶業主來這裡，有助我於更清楚地解釋「直方設計」的設計特長和與他者不同的思維。

張家銘's highlight

就像Michael説的，空間的硬體設計是一回事，什麼的人來使用空間又是一回事。這邊要補充的是，Michael現在的創業者聯盟之窩，不僅空間有其特色，在裡面一起「共室」的人們更是來自不同領域，創造出不一樣的Office光景。有別於一般的co working space，有所謂的「主」與「副」的關係，由一個人辦演「大哥」或「前輩」的角色，可以主導和鼓勵大家交流，促進社群力量的凝聚。

否則很容易只是大家聚在同一個地方作各自的事情，失去了各種激盪火花的可能。畢竟，合作可以有很多種方式，如：租約、利潤拆分、顧問、投資、自營等。以Michael的空間分租案例而言，透過租約以及活動的利潤拆分，是相對簡單的合作方式，非常適合承租空間的小型團隊開始，找出彼此可以合拍，以及互惠的各種共存方式。

🟣 土：土地

目前和房東簽約三年的約，2018年會到期，當初我也想要簽長一點，但是房東還是希望先簽三年就好。但好在我跟房東保持著還算不錯的關係，他長年居住在美國，每年只會回來一、兩個月，就住在我公司的樓上，回來的時間如果看到我晚下班，就會拎著紅酒下來跟我話家常。他也很喜歡我「重整」這個空間，每次聊天都有助於對彼此更熟悉，增加信賴度，續約應該不會太困難。

張家銘's highlight

城中區的辦公室感覺比較沒有那麼競爭，因為這裏的物業都已經相對老舊，新興的企業 辦公室都已經往東區移動，但老建築還是有其獨特的風味，空間跟伴侶一樣只挑適合自己的，許多文創工作者都會往老區移動，這是一種城市自然代謝的方式。

Michael跟房東的關係一直維持著良好的互動，續約這件事情我認為是非常自然的。如果為了讓雙方更有保障，其實不一定要等到約滿，再來談續約，而是，在一個雙方互信基礎穩固時隨時可以提出重新簽訂合約，將年限延長，對於雙方都是一件好事。

金：資金

回到台灣於2008年創業，即是以獨資的方式創辦直方設計；認為在公司規模較小型的狀態，獨資的方式是可行的方案，一旦公司需要擴編規模，執行更大的案子，就必須要藉由合資的方式，以確保現金流的順暢；管理和營運息息相關，這是不少公司在面臨擴張與否，都需要面對的棘手問題。

水：互聯網思維

因為經營了8年，主要的業主都來自轉介紹，網站主要用於整理呈現重要的空間作品，FB上面則不定期地跟臉友公告關於此空間的點滴、最新作品的照片和簡介，讓臉友可以更認識我們。

張家銘's highlight

其實互聯網不只是線上，線下也可以建立「弱聯結」！一個設計工作室，透過分租的方式，讓更多元的夥伴進駐，以一種優雅且舒適的方式建立「弱連結」，可以帶來更多的合作機會。夥伴能帶來基本的人流，人們透過拜訪、開會，在不同區域裡交流互動，促成更多互惠行為或商業機會。

|安全 便利 EZ放|

CASE 03

俬儲空間不只儲物，

還儲備你的創業夢想！

從松江南京捷運站出來後，沿著南京東路二段的馬路走，經過不少公司行號和餐廳，不到十分鐘的路程，就抵達俬儲空間的松江南京店；從電梯出來，一隻可愛的大型公仔小金人就站在門口邊，歡迎每一位客人的到來。進入門口後，可愛的小金人圖案遍布空間各處，簡約但略帶活潑的設計，讓人感到一股清新的活力。店長介紹著各個區域的用途，大型的視聽教室等一會兒有創業的講座要在這兒舉辦；走道兩側分別林立著大小有別的儲倉櫃體，供不同客戶使用；大面積開窗的絕佳採光點，設置一整排的隔間單人雅座，這不就是許多SOHO族夢寐以求的窗景辦公處？

⬠ 看準迷你倉事業，義無反顧投入

俬儲空間的CEO是Melvin，他是我少數創業的朋友裡，具備證券背景的老闆，每次和他聊「生意經」總能激起很多火花，有非常深度的交流！在創辦自己的事業之前，擁有證券分析師執照的Melvin，原本在一間小型外商任職，負責操盤和幫老闆評估各種不同類型的投資案，有一天老闆付予他一個任務：要他想辦法「活化」公司閒置已久的物業，評估一下有什麼方式可以活化？

Melvin說，因為位置並非擁有人流的黃金地段，當時也評估過很多不同的形式，包括辦公空間、親子餐廳、私人招待所等都未果。有一天，如往常騎車上班，經過錦州街和新生北路交叉口，發現一棟大樓的一、二樓外掛著很大的招牌，寫著「個人倉庫」四個字，激起他的好奇心：怎麼會有人把「倉庫」放在市中心的精華地段之一的中山區呢？他加以研究「迷你倉庫」的發展前景，發現這的產業實在非常值得投入！

南京店內以白色為主要色調，黑色地板不僅耐髒也使空間看起來更寬敞；局部以黃色和藍綠色點綴活力調性！

「最讓我興奮的是，當時2013年，整個台灣只有8個品牌，22間倉庫。同時期的香港和日本在這個產業的發展已是好幾倍。香港的數字最為驚人，當時已有超過百個品牌，600間的倉庫；前幾名的公司都是上市公司在操刀經營；此外，日本、新加坡、澳門等國際先進城市都正積極發展這個產業。」當時他老闆對於新興產業持比較保留的心態，但Melvin認為必須要掌握先機，決定自己去募資，先跳下去做再說！

⬠ 募資翻倍漲，主打規模經濟才有勝算

究竟使用迷你倉庫的族群在哪？Melvin蒐集各方資料，發現香港和新加坡是做得最好的亞洲城市。亞洲城市由於地狹人稠，主

要城市房價高漲，一般住宅的坪數較小，對於額外空間的需求是存在的。「移動性高的小資族群」是主要鎖定的對象，獨立在外住宿的小資族或經常外派出差的商務人士，因儲物空間不足而承租小型倉庫使用。另外，像是租屋或搬家時需要額外空間暫置傢俱，也是台灣一塊很大的需求。

「香港比台灣小那麼多，發展卻已是台灣的30倍，這不就說明台灣的未來是大有希望的嗎？直到現在，台灣在這一塊發展得很厲害的公司，都是由外商在經營，背後有大資本家支持。」Melvin坦言，這個業態很特別的地方在於，每一間店的營收和坪效是相對固定的，因為是「空間出租」，也就是有所謂的「天花板」，滿租了就無法再租。

因為初期需要大量的資金投入，以規模經濟為策略，讓點拓得夠多，才能相對降低許多投入的成本。Melvin的證券背景和人脈，不僅可以深入做產業分析，更可透過研究的報告去說服投資者一起加入他的「新型態空間營運」計畫！創業營運至今邁入第三年，俬儲已經進入第三輪的募資，募得的資金從第一年的300萬到1800萬！從最早的第一間松江店，到現在已經有6間店，分別以不同的新型態營運，打破一般人對於「迷你倉庫」的想像與使用方式！

⬠ 對焦市場缺口，成為創業寶、電商圓夢盒！

經營新型態的事業，一定要跟上時代的脈動，透過觀察整體市場，不斷地開創新的服務，才有機會能在第一時間取得最火熱的商機。最新開設的南京店，有別於一般毫無變化、呆板枯燥的迷你倉庫，不只是一個月花個2000元租用一個冰箱大小的私人倉庫而已。俬儲空間從迷你倉「擴充轉型」到「迷你空間」，近一半以上的空間，提供客戶來辦講座、辦課程或作Co-working Space，除此之外，Melvin更從客戶統計數字裡「挖掘」出另一塊市場需求！

「草創初期，同業跟我講說，小規模公司和網拍公司的客戶僅有10～20％，但在營運一、兩年後，我們這一塊的客戶比同業高，第一年高達25％。」這些人很多是「兼差創業」的網拍小老闆，因為還有其他工作，時間和體力總是不夠用，特別是那些後端的工作：貼標、包裝、收貨、盤點、出貨、面交等等，希望俬儲能夠提供這些服務。

1
為公共空間，可做為面談、面交或包貨的區域，甚至可做為小型活動區。

2
小型講堂區以教室和會議室的型態規劃，適合人數較少的租用。

3
吧檯區擺放飲水機、大同電鍋和咖啡機等，為公共的茶水間。

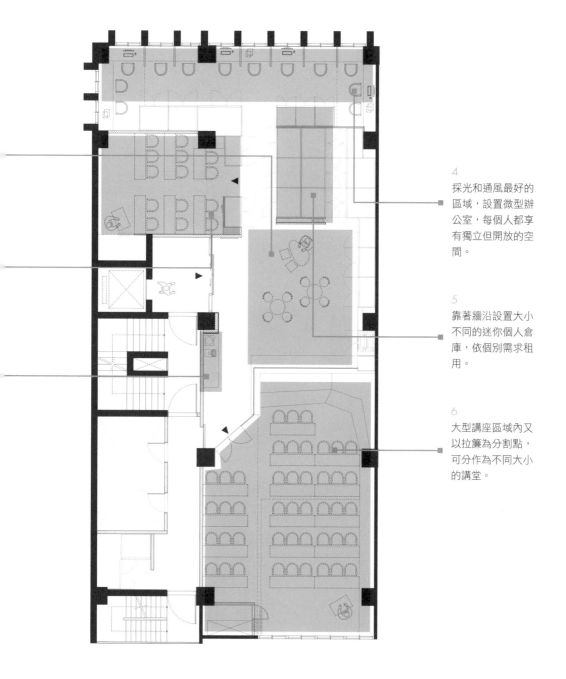

4
採光和通風最好的
區域，設置微型辦
公室，每個人都享
有獨立但開放的空
間。

5
靠著牆沿設置大小
不同的迷你個人倉
庫，依個別需求租
用。

6
大型講座區域內又
以拉簾為分割點，
可分作為不同大小
的講堂。

評估後，他發現電商趨勢近幾年發展相當蓬勃，據資料統計，台灣一年多兩萬的網拍賣家，包括開FB社團團購，經營電商副業的很多。Melvin認為，既然俬儲能成為電商的實體小店，不僅有公用的會談空間，能讓小老闆們和客戶交流，如果能進一步結合進出貨電腦系統，以及小幫手的人力，豈不成為小型電商創業的絕佳助手？提出這樣的加值服務項目後，不僅使許多客戶的出貨量大幅提升，營業額提升好幾倍，更讓俬儲成了「創業幫手」，創造出更大的價值！現在他更成立一個「創業社團」，藉由講座和成功案例分享，幫助更多想要創業的人。我想，俬儲空間正一步步落實「藉由有趣的空間，連結有趣的人，創造有趣的事」。

■ 在不同大小的教室可以擺放長桌或單椅，符合不同的課程設計與場地需求。

■ 現在俬儲所使用的，看到烤漆外殼、易拆解和組裝的倉庫櫃體，不僅防火又防水，美觀好清潔。

體驗式
空間設計

在入門的公共區域以可以靈活移動的輕巧桌椅，搭配黑板牆面，作為投影或黑板使用，運用拉簾可瞬間變換出大型或小型會議區。

在這裡經常有創業相關的課程舉辦，有些為
佩儲自家的講座，有些是與雜誌或其他出版
社租借場地授課！

單人辦公雅座都有獨自的桌椅、吊燈、拉簾，軟木塞
屏隔可以用來張貼各種工作進度表或行事曆。

163

五行創業檢視

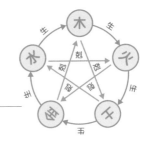

🔴 木：人才

　　可以分兩個面向來說，第一是店內的人員。目前我們每一間店就是「一位店長」配「一個實習生」，有些點還多會多加一位「儲備幹部」。基本上，我們也是透過104去找人，會不斷去溝通我們倉儲空間在做的事情！我們需要的不只是一個顧店的店員而已，一定要對我們在做的事情有想法，要願意跟客戶接觸，透過聊天找出他們的潛在需求。

　　今天不論是承租倉庫的客人，或者是前來取貨的買方，都需要藉由第一線的接觸，讓他們感受到溫度，進而留住客人且創造更多商機。面交、網拍、產品推薦介紹等等都是有抽成獎金，客戶賺錢，我們賺錢，員工也賺錢，是三贏的狀態。第二是社群的創立。我們鎖定想要創業的人，創立一個「創業的社群」，主要是要從裡面找到潛在的投資合作對象，以及相關的人才。

🔴 火：內容

　　迷你倉庫原本只是提供倉庫儲物空間，但我們現在已開始進化成迷你空間，針對不同族群提供不同的空間需求。從辦公座位、不同大小的自助倉儲櫃、活動教室等硬體的服務，到特別針對「小型創業族群」的加值軟體服務，如：雲端進銷貨系統、網拍小幫手的後端服務，包括面交、解說商品、包裝、清點和寄送產

品等，是佡儲空間與其他迷你倉庫公司最大的不同處。

　　還有很大一點的不同在於，我們每一間店都會有店長，當客人前來店裡租用空間時、領取其他網拍賣家的產品時，都會有我們專業的人員解說和提供各類服務，不只是租用一個櫃子而已，還可以即時參與在我們空間發生的事情，例如正在舉辦的創業講座、產品試用活動或者一個辦公的空間。這裡有創業者、網拍賣家、團媽、作家、SOHO族等等，在我們的空間裡可以發展出很多有趣的商業模式！

● 土：土地

　　迷你倉庫絕對要位在市區的精華地段，必須要提供「便利性」。初期拓點時，不少房東會覺得自己這麼好的空間，做為「倉庫」使用，實在是太浪費了！但這才是「佡儲空間」的價值所在，總要一而再再而三地溝通，畢竟大家一聽到「倉庫」，腦中想像的畫面多半是又髒又黑，但事實上「佡儲空間」可是窗明几淨的空間，並且擁有保全設備和店長（管理員），並過濾前來租用空間的客人，我們是比房東更怕遇到租霸！

　　在租約部分，我們跟房東談至少五年，最好可以到七年，或更長。我們算過一間店要賺錢至少需四年的時間，所以五年是最基本的底線；也因為現在採用的改良式組裝倉庫櫃體，如果真的租約到期要搬走，這些硬體設施也都能跟著一起走，沒有太大的損失。其次，我們會談租金漲幅，按照GDP標準，每年漲2～3%是可以接受的範圍，再多就不行了，因為租金對我們來說是很大的成本，必須鎖死！最後，還要談優先承租權，以及房東不可提前解約，以保障自己的權益。

張家銘's highlight

租約年限從損益平衡點去推估，的確是一種基本且務實的做法。現在
有許多創業的新手，跟房東簽一年的約或兩年的約，相對風險較大，
如同賭博式的短約建議不要輕易嘗試。以現在房市狀況而言，空房率
相當高，要勇敢去和房東談合理的條件，像我也經常都和房東談到5
年不漲租金，甚至10年不漲租金，因為對於創業者而言，租金永遠
是最不能減免的成本，一定要守住！透過租約的簽署來保障自己的權
益。

💠 金：資金

當初因為評估過，很清楚這個事業在初期需要投入大筆的資
金，而整體利潤回收要到四年後，時間會拉得很長，如果沒有透
過募資的方式來創業，根本是不可能的！跟股東募資，第一筆募
來300萬，接著是1500萬，然後是2800萬。

其實募資真的不容易，像我們這種新型的小項目，不是創投公
司會投的項目，現在主要的風向是：物聯網、電商平台、生技或
醫療廠商等，朋友也告訴我，今天如果他標新立異去投一個項
目，如果失敗了絕對會被老闆罵；但如果跟著主流項目跑，即使
失敗了，老闆也不會太過責怪，畢竟大家都失敗。因此，現階段
的股東都是非創投公司的人。將來，如果有新型態的募資平台出
現，或許對很多空間創業者來說，會有很大的幫助！

⬠ 水：互聯網思維

我認為，「線上」的決勝點在「線下」，人與人之間的互動和接觸，是最重要的。所以我們積極地與各種「線上」公司合作，包括各種網路社團或電商公司，我可以提供相對便宜的場地，你幫我帶來人流，注入各種內容，讓更多事情、活動和商機在這裡發生，對雙方來說都是加乘的效應。

我始終相信，「線下」不見得要作傳統「線下」在作的事，不一定只有賣商品，可以賣故事、賣體驗、賣氛圍，因為我很清楚，我要的是「人」！每一個客人不只是客人而已，他可以成為我的夥伴，我的Sales！當他來到這裡，發現佀儲空間竟然還有提供這麼多服務，正在發生這麼多有趣的事情，還可以幫助人創業；當他認同後，就會自動幫你轉介紹了。

舉幾個例子，自從和一些理財雜誌合辦講座後，參與課程的人來到店裡，發現這裡不只是一間倉庫而已，會想到來這裡租用會議室或辦公空間。當我們開始幫小老闆作面交，成為他們線下取貨點，就有人因此而進來，創造了人流，在這之前，我們是沒有過路客，沒有人會「碰巧」發現佀儲的存在。

CASE 04

老屋玩新把戲！
百味隱藏的有機事務所

從大橋頭捷運站出來，穿越過騎樓，往昌吉街的方向走，老公寓沿路指引著，入口處的GOGORO充電站，宛如新時代的表率，轉進小院，巨大的洋傘在愜意的木桌上托腮，圍籬上充滿年輕活力的藝術塗鴉創作歡迎著來客，頂著人字型屋頂的老屋，以清爽的門面對我們招手；入內後的老屋樣貌，看起來有點熟悉，卻又好像被賦予新的生命。兩年前，我和這間新型態設計事務所的老闆SAM，坐在這還充斥著霉味的老房子裡，想像將來可以在這裡作些什麼有趣的事，現在它的樣貌是我們從來沒想像過的美妙，我想，這都要歸功於裡頭的那台黑膠唱片機。

⬠ 一切都要從老黑膠唱片機說起

2014年夏天，找上雋永不動產的人名叫Bryan。他是個開著Z4的建商高階主管，因為公司有許多閒置的資產都放在那裏腐爛，沒有被使用很可惜。雋永工作人員跟著他，來到這間年過半百的老屋，發現它其實是老而不破，整體屋況還算良好，就請編輯企劃文案，針對空間的現況以及未來想像，提出了一個企劃，當時，我們在文字中提到黑膠唱盤，希望為它找到新主人。

　果不其然，就有這樣一個人，被「黑膠唱片機」這組關鍵字給吸引了過來，他的名字叫SAM。SAM對於老屋有著強烈的親切感，想要一探究竟，我們約在這裡碰面，他對這老房子可是一見鍾情，他說：「黑膠唱片機成功啟動的那一刹那，真的很感動。」一個月不到，他和房東就簽字畫押了，當然，因為老屋有著許多裝修上的麻煩問題，一般人也許沒這麼大的膽子敢承租。

　SAM擁有專業的建築工程背景，曾任職於知名建築師的建築事務所多年，執行大型建案的監造工程，修繕老屋對他來說，根本不成問題，重點在於，這空間究竟是否符合他心意？是什麼原因，讓他對這老屋動了心？「創業是需要投注大量心血過程，找一個自己所喜愛的空間不見得要創業，可以做很多事情！但如果能結合兩者，是一件最幸福的事。」SAM這樣說道。

老屋修繕完畢後，刻意不作天花板，重新修補的屋脊
能呈現最真實、最唯美的一面。

⬠ 鎖定創業大方向，確立空間條件

SAM分享，這幾年工作多半仍僅止於「紙上談兵」的步驟，講白一點，「爽度」不夠，他喜歡實作！加上過往設計師有經常有特殊素材的需要，就要去找到相關的供應商，更多時候是在找工廠、找材料和開發新的工法，他是非常樂在其中的，當初想要創業，就是往這個方向邁進，著手去找合適的空間！這空間必須滿足許多面向的要求，它既是一個創作空間、一個設計空間、一個實作空間。

最早找房子時，SAM也花了好大的心力，動用各種關係，只差沒有自己作廣告海報四處張貼了，但就是找不到，有天無意間看到雋永不動產的網站，發現這個老好屋，完全符合設定的基本需求，地點位在台北市的蛋白區，離捷運站也近，又和週遭環境及鄰居有著一定的距離，單層獨棟格局，不需擔心未來成立的公司，會因為經常有許多人來來往往而叨擾到鄰近的住戶。

SAM笑說，最初對這裡的第一印象其實是：很老舊、很有味道（但那味道可是讓人會暈倒呢）。當見到老屋本尊時，內心還是相當激動，覺得這麼好的物件不可多得！考量到未來客戶可以輕鬆地抵達，落實即時性和精緻化的服務，必須要在台北市的某個角落，因此房子不怕老也不怕舊，屋況安全是最重要，以最善意的方式來裝修這間老屋，讓它有一個新的表情！

⬠ 老屋新力，百種滋味隱藏

這個空間究竟要怎麼營運？SAM說，當初光平面就畫了五、六次，一直在論證，那樣的配置和經營方法，要分幾區，才是最有效，最能符合這個空間的精神！怎麼樣能跟老屋共生，因為我們平台的概念就是「三個E」！Exclusive獨特的，本質的Essential（材料和設計），環保Ecosystem，透過這三個理念，落實在整體空間，所以盡量保留老屋可用的特殊性以彰顯本質精神，並使用回收素材。

老屋並沒有換上了花俏的新妝，而是以最真實的樣貌示人，屋內的木橫樑結構都忠於原味地保留下來，牆壁全為白色，粉刷出一抹清新，開放式的書架是用代理的特色五金DIY建造的。一入門的主要空間採完全開放，居中的長桌和靠牆沿的長桌，有了彈性使用的可能，小門通往同樣無隔間的廚房區與材質實驗室，最近剛有烘豆職人進駐，每天早上都有咖啡香氣作陪，未來週末還會在庭院裡舉辦有趣的市集！

SAM為這裡取了名字叫「老屋新力，百味隱藏」，所有新的力量進來匯聚，都隱藏在裡面，這種隱藏的概念很文學，以食物來比喻，一道料理在端到你面前之前，是經過各種程序的處理，你都看不到，卻能夠嚐到蘊藏在其中的各種滋味！就像這個空間，想問每張桌子或椅子從哪裡來，他都可以娓娓道來其中的故事。

開放式的辦公桌區域，室內設計師在這裡畫空間圖，平面設計師在這裡一起工作，曾有一個夥伴運用材質實驗室，開始他的創業計畫，他在這裡做出他的產品樣品、拍攝影片，最後在

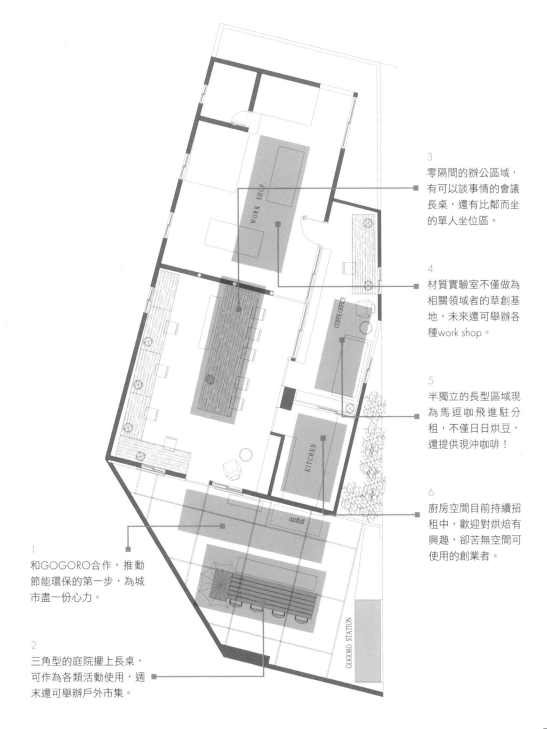

3
零隔間的辦公區域，
有可以談事情的會議
長桌，還有比鄰而坐
的單人坐位區。

4
材質實驗室不僅做為
相關領域者的草創基
地，未來還可舉辦各
種work shop。

5
半獨立的長型區域現
為馬逗咖飛進駐分
租，不僅日日烘豆，
還提供現沖咖啡！

6
廚房空間目前持續招
租中，歡迎對烘焙有
興趣，卻苦無空間可
使用的創業者。

1
和GOGORO合作，推動
節能環保的第一步，為城
市盡一份心力。

2
三角型的庭院擺上長桌，
可作為各類活動使用，週
末還可舉辦戶外市集。

Kickstarter上面集資，募資成功後就離開這裡，正式成立自己的品牌和公司。SAM說，除了設計服務的提供、走高端的客製化材料與五金彎頭的代理，老屋空間平台的經營更是有趣，才是老屋真正「活」起來的關鍵！

⬠ 培養皿般的綜合型有機空間

空間平台的營運，最重要的就是「有趣」，雖然此塊不是公司的主要收益來源，卻是SAM相當熱衷的項目！SAM和我在此觀點上極度有共識，一個空間不該只是硬體而已，它更像是一個培養皿，讓所有進駐者有機式的滋長，不是育成單位，也不是co-working space！不要一定豎起什麼樣的旗幟，去定義或號召，何不以最自然的方式，共同來使用這彼此都喜愛的空間？

因為喜歡同一個空間，所以會有基本的共識，依照個別談定的進駐合約，按照彼此的需求來配合；甚至可以說是「母雞帶小雞」的概念，租約是一個基礎，在此基礎之上，可以有不同的利益交換和合作方式，例如：以勞易物，有的是免費、有的是成本價，不限於金錢，以雙方可以接受的方式來相互回饋！有位子，你就承租進來坐坐吧，每天見面就聊聊天吧，也許改天會有新的項目可以合作，如果沒有，單純一點就當個好鄰居吧！

SAM強調，有趣比有利還重要，好玩比好賺來得有價值，因為在找有趣和好玩的過程中，會有很多新的爆發點；賺錢固然很重要，企業才能得以運作，但如果能把順序調整，把「有趣好玩」當作「有利好賺」的前提，會吸引不同的新能量加入，激盪出更多的火花，這才是老屋新力的最重要的精神所在，那些併發的好味道，都是你不可預期的，老屋化身成有機式混種事務所，有趣的人事物天天都在發生中！

體驗式
空間設計

戶外與GOGORO合作，提供充電站，希望推動環保，為城市盡一份心力。

恰到好處的留白和恰到好處的陪伴，老屋的每一個角落都有獨特的表情。

側面開窗，光線可以肆無忌憚地步入，甚至穿越格柵的牆面，滲入到老屋的心臟地帶。現在這裡則是烘豆職人入駐。

五行創業檢視

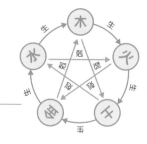

⬠ 木：人才

　　廣發英雄帖是最重要的，招人才是一個不會停止的動作。學經歷背景僅是參考依據，是不是本科系出身並不重要，看重的是對於工作的熱忱，把人放在對的位置很重要，才能創造高CP值；重點是他有沒有非要不可的熱情，很多技能是可以培養的。

⬠ 火：內容

　　因為材料你得親自摸到和看到，才能感受到它的細緻和與眾不同，所以你得親自來一趟，況且旁邊還有機台和畫圖的地方；為了不讓客戶花太多舟車勞頓的時間，並希望能就近服務，如果有任何問題可以馬上過來這裡小部分的修整和試樣，不用浪費時間等待工廠來回送件，一等就是好幾天。

⬠ 土：土地

　　因為該地在都更的規劃內，所以房東只能和我簽三年的約。當初我是想要簽十年，但彼此都有難處，也做好心理準備，正所謂天下無不散的筵席，三年收拾書包也可以，畢竟裝潢不用三年就能夠攤提完成，因為叫工比較便宜，時效性比較高，減少溝通成本，成本就降低，很多活動道具都自己作。同時間也和房東持續互動，讓他們知道我們在做什麼，之後也許還有續約的機會！

◉ 金：資金

公司登記由SAM獨資；但實際上，SAM擔任老闆並出資70%，另有一金主出資20%，最後10%為技術股顧問。

> 張家銘's highlight
>
> 財報一定要透明，這是最基本的，不能口口聲聲喊沒賺錢，結果錢都進到自己口袋！公司合作一定有三件事情要談：股權、薪水、紅利。有做事的，一定要領薪水；接下來就是談紅利，為了跳脫股權，紅利的分配就很重要，比方我自己有另外一個投資案，有職務並給薪的人，薪水雖然稍微低一點，但是紅利就可以比較高，其他就是依照持股多少再去分紅利的比例。需要特別注意的是，當公司營運狀況有問題，需要增資、解散或停損，也要照持股比例去賠款。

◉ 水：互聯網思維

互聯網這件事情我們將持續與雋永R不動產共同合作，推出有趣的案子，增加能見度，以我們現在主力的設計和工程之業務項目來說，還是偏傳統產業，我著重的是公司定位清楚，併建構完善，只要找對契合的互聯網社群，是讓專家和新世代去建構，一搭上線，很多事情就會像病毒般擴散和延伸，直接連結到「對」的對象，產生一定的效益。

> 張家銘's highlight
>
> 簡單來說，就是找合作夥伴即可。設計師還是著重在自身的專業上施力，像是建材開發，很多都是比較傳統的人脈建置。建議可以找一些合適的互聯網渠道來做，像是很多室內設計媒體平台或社群網站，有不少關於工業風格設計的資訊型報導點閱率很高，人們對某些五金彎頭或特殊客製材料還是有興趣。

CASE 05

用創意 Run 出的主題式社群公寓

通化壹捌陸

從生活機能良好的樂利路或基隆路，彎入悠揚且不擁擠的通化街巷弄間，不消幾分鐘的路程，就能找到這擁有寬敞庭院的「通化壹捌陸」。庭院鐵門溫馨地對前來的人敞開，是棟略有年紀卻乾淨親和的中古公寓，周圍張貼著建築、設計相關活動的海報，流露出一股年輕且充滿活力的設計能量。採用輕裝修的方式，無隔間的一樓空間，長桌和白板有意識地配置坐落，這裡是紅石文創的辦公室，同時也是他們所經營的一個複合式實驗基地，一樓為工作區域，二樓則為住宿使用；隨著胡桃木梯的扶手往上至二樓，幾個學生窩在長桌前看書，上下舖的宿舍裡還有幾個午覺的同學們，做著甜甜的白日美夢，曬在陽台的T恤正隨著風飄逸著。

⬠ 人生轉彎創業！誰叫房產就是「樂事」

經營通化壹捌陸的幕後高手，是「紅石文創」創辦人的邱愛莉Ellie，每次只要一聊到房子，就雙眼發亮，有著源源不絕的熱情；「人生只有兩件事情我感興趣：房子和孩子。」她笑著說。當時她和朋友一同創辦人生第一間公司──House 123。

保留部份的家具和主要格局，雖沒有華麗的裝潢，卻也能藉由進駐的創意人們發揮巧思，共同佈置出不一樣的室內風景。

Ellie一直覺得，自己是誤打誤撞進入這行，擁有外商業務背景的她，最早是在客

■ 新空間創業公司的進駐,年輕學生在此聚居,非
營利組織也在這裡設辦公室,原本閒置的空屋,
在創意的注入之後,空間獲得重生!

■ 在一樓,偶爾會傳來幾首悠揚的鋼琴樂曲,讓人
在工作繁忙之際,也能暫時遁逃到另一個音樂世
界裡。

■ 活動式的白板和可隨時移動的大型木桌,可以依照不同的場合和需求,
變換出不一樣的隊形,創意工作空間就該這麼機伶!

戶的介紹下，開始上房地產課，一腳踏入這個迷人的世界。

「那時候只是單純想說，將來也想要買一間自住的房子，卻不知道怎麼開始？有課可以上真好。」她瘋狂地去上各種房地產的課程，也買很多相關的書來看，一天到晚都在看房子，下班也看房子，週末也看房子，最高紀錄一個下午可以看個十幾間，中間還能喝個下午茶；有趣的是，她買的第一間房子，不是自住而是隔成套房出租，讓媽媽能安心提早退休；後來乾脆把「工作和興趣」結合，跟朋友一起成立House123。

Ellie回憶當時創業，本來想做個類似591的租屋網站，發現光憑幾個人的力量是無法真正打造出一個超越591的租屋網，她們發現團隊決勝關鍵點是：人才！議價能力極佳和地產買賣經驗十足的夥伴們，在網站上揪團購買預售屋，拿著數量的優勢和建商談到極佳的價格，再從買方身上收取合理的服務費，皆大歡喜。但無奈2014年春季後，房地產市場從此進入寒冬，心想：也許是時候改變了！

⬠ 隔套分租 Level Up，集資打造品牌公寓

Ellie坦言，房地產作久，最後一切都簡化成一個地址、一個坪數、一個價格和租金投報率。她希望能重新成為房子與居住者之間，真正的連結！將隔套分租的房子拿回來自己管理，開始做許多很瑣碎的事情，包括房子東西壞了請師傅來修繕，或是最基本的抄電表，去打掃走廊；讓她真實了解到：租屋者真正的需求是什麼？而身為一個空間經營者，可以提供的服務有哪些？又該怎麼建立租屋退屋與承租期間管理事務的SOP？

　　親自執行服務工作後，她靈機一動，想說何不經營所謂的「品牌公寓」呢？把公寓出租透過品牌經營的方式，打造出一個溫馨又舒適的租屋空間，不論是裝潢或居住品質都可以維持在一定的水平，解決這些租屋者日益遽增的龐大需求。經過國外資料蒐集後，她發現，很多品牌公寓背後都是自己持有的物業，或者是幫房東代租管理，有些是作整層分租，類似共生公寓和共租公寓，早就跳脫雅房或套房出租的傳統模式了。

　　很多人也許會問：為什麼不單純做代租管的物業管理就好？Ellie很清楚，即使她的服務再好，一旦房況不穩定或房東不管事，很多硬體問題仍然無法徹底解決，「當租賃空間成為品牌或系統之後，可以創造不同的效益和價值！」她想要經營的是「社群式的品牌公寓」，再次找到志同道合的朋友們，集資成立「紅石文創」，將公司定義為空間運營商，和各式各樣的社群合作，提供住宿空間和各種多元的創新營運模式。

⬠ 自詡空間營運研究室！Try 造社群公寓

　　什麼是社群主題公寓？通化壹捌陸是紅石最主力的實驗基地，也是紅石文創的辦公室所在，這裡是「泛空間產業社群的凝聚地」，指的是跟不動產、建築、工程、設計、都市規劃等相關領域的社團或人們在此公寓裡共生！一樓辦公室進駐的團隊是「Cxcity從我到我們」，是個策動群眾參與都市、設計與社會議題的非營利組織，主要關注都市規劃和社會設計等相關議題，二樓學生宿舍裡住的是，建築相關領域的學生們，大家怎能不合拍？

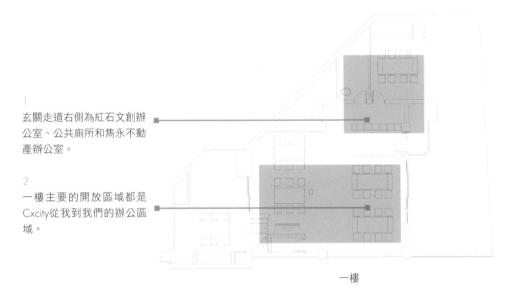

1
玄關走道右側為紅石文創辦
公室、公共廁所和雋永不動
產辦公室。

2
一樓主要的開放區域都是
Cxcity從我到我們的辦公區
域。

一樓

4
從一樓走樓梯上來，即為公共的閱讀區
域，還有製物櫃作為收納空間。

5
兩間男生宿舍內附床位、小型書桌和抽
屜櫃子等，宛如學生宿舍一般舒適。

6
女生宿舍位居另一側，刻意讓男女的住
宿空間區隔，創造個別自在私密空間。

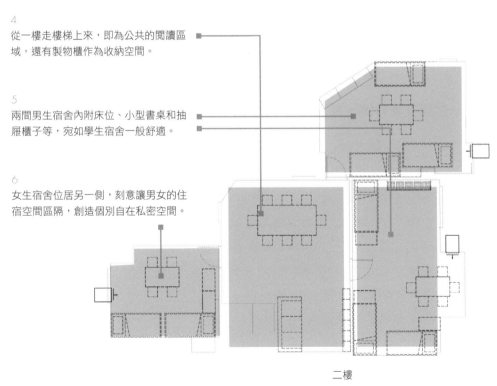

二樓

在這間看似平凡卻內藏玄機的中古老屋裡，蘊藏著人們異想不到的效果和社群力量！不論是公司企業的實習機會、實務課程等，或非營利組織希望凝聚公民能量、招募志工的各類活動，都可以透過住在此或活動於此的學生族群，有效地傳遞出去，在裡頭進行各種垂直合作或橫向聯盟；而能夠造成這股社群力量在其中運轉，除了進駐空間者本身的特性，格局形式也佔了很大的影響比例。

二樓學生住宿規劃的方式，類似青年旅舍的上下舖設計，讓學生很自然地走出房間，到公共區的大型書桌、庭院洗衣曬衣處，彼此交流互動；廚房位在一樓，不僅為學生所用，也為一樓各個小型公司的員工所用，在這裡也創造了彼此聊天的好機會，更能互相交換意見，討論地產或建築相關議題，說是個「泛空間產業沙龍」也不過！地下室可用來舉辦各種電影欣賞會，或作公用閱讀空間，甚至是臨時會議室，有著千變萬化的使用可能！

⬠ 翻轉空屋命運，植入共居 DNA 營運

雖說紅石文創的終極目標是以「自有物業」去營運品牌公寓，但創業初期礙於資金和相關法規的限制，目前以承租條件良好、空間合適的空間為主要策略。Ellie表示為什麼目前在台灣仍看不見較大規模、位居領導地位的品牌公寓？原因很多，其一是許多出租空間者並沒有走向公司化或規模化的營運方式；其二是融資和金融環境不夠友善，和各種相關打房政策，導致空間營運者的創新營運策略窒礙難行。除非本身是建設公司或大型地產企業，原本就持有眾多業物；否則，一般創業者想要踏入這個領域，門檻極高。

除了找尋更多的合作夥伴，一同邁向品牌公寓之路之外，紅石也率先以鎖定邀學生族群的「學學公寓」作為第一個主題式社群公寓品牌，以提供國際遊學生在台灣有個美好住宿為出發點，促進多元文化的在地交流。目前在台北市已有9個分館，每個分館在不同時期也會策劃「不同主題的租屋計畫」，例如針對暑期實習的女學生推出限時的「夏季女子公寓」，以及單月短租形式的「月月友公寓」，與來自各地的年輕人共住，每個月交一個新朋友。

「我們就是不斷地實驗！找尋市場痛點，還有品牌公寓與眾不同的地方。」Ellie認為，品牌公寓之所以有別於商務旅館或青年旅舍，就是因為紅石文創打造出不可替代的租屋體驗與服務，為租客找到有趣的共租鄰居，讓人們不只是前來睡一晚而已，而是每次來到不同的品牌公寓，都能留下更有趣的住宿經驗和不可替代的深刻印象。各種的嘗試和挑戰傳統，都是紅石文創朝目標邁進的不二法門，持續拓寬人們對於品牌公寓的想像！

在通化壹捌陸裡面，工作與生活的界限逐漸消彌！茶水間其實是公共廚房，過了上班時間後的辦公桌，也成了夜間的閱讀書桌。

體驗式
空間設計

復南344位鄰近捷運站和大
安森林公園,空間與自然和
綠色為主要裝潢基調,充滿
活力和旅人的氣息。

靠近信義商圈的富陽48,走路五分鐘即
可抵達捷運麟光站,水藍色的壁面和木
色地板,帶給人溫馨舒壓的感受。

五行創業檢視

⬟ 木：人才

不只是用104人力資源網站去網羅合適的人才，通化壹捌陸裡有著絕佳的人才在裡面，泛不動產圈子的人們在此工作和生活著，和紅石文創有著極佳的關聯性，用打工換宿去吸納人才，或用相對低的租金去找到合適的對象，成立一個特殊的會館，不斷去接觸和廣納人才！以短、中、長三個階段來看，初步可以提供學生的住宿需求，進一步可提供工讀和實習的機會，最後更可以作為紅石文創人才資料庫的一份子。

最近，我們還成立小天使和小主人公寓計劃，以打工換宿的概念作延伸，讓小天使以較便宜的租金換得住宿，但條件是必須去關心住此宿舍裡的小主人，以溫馨叮嚀的方式，協助他們維護公共環境的整潔；這些小天使們也很有機會成為管理其他公寓的大天使呢！

⬟ 火：內容

以學學公寓而言，目前除了已經開始營運的9個點之外，陸續還在新增新的住宿點，我們希望每一間公寓都有不同的樣貌，例如鎖定玩團的音樂人、插畫家或是網紅等不同的社群式主題，發揮所謂物以類聚的群聚效應，可以自帶流量，努力催生「不同的主題會館」，讓住宿的當下也可以和同領域的人彼此相互交流。

創新對我們來說是種探險,很多經營方針都需要不斷經過測試和檢驗,包括市場大不大、通路在哪裡、精準地找到TA等等,這也是有趣的原因。

⬟ 土:土地

我們都簽長約,其他都五年以上,這棟則是簽四年。分享一些找點的經驗,台北市有很多坪數大、地點優的房子,卻不是那麼容易出租了。過往也許是有外商高階的外派人員,因工作關係全家遷移到台灣,所以會需要兩三層樓的公寓空間,但現在這類的需求已相對減少。取而代之是想要住在市中心的小型家庭,人口數少,坪數也不用太大,最好是新房子,什麼都有;即使是一樣的租金,人們寧願租個什麼都有的套房,而不想租老舊或是兩房一廳的陽春公寓,更不用說四、五房的老公寓。

通化壹捌陸就是早期那種三代同堂的住家,有庭院、地下室、又有二樓,在觀察周邊環境和生活機能是否良好,衡量屋況需要多少裝潢費用,多少床位可以Cover我們的租金後,這樣的公寓也使得我們有了不同使用方式的想像!

張家銘's highlight

以租房子的經驗來說,如果房東的目的是置產或是自用,通常會希望租長約,因為穩定收租就好。如果房東有任何一點想要賣房子的念頭,就很有可能會簽短約,為保持彈性,也許有談到好價錢就會賣掉了。有些房東本身是投資客,因景氣不好乾脆出租,以租金還利息。要去跟不同的人打交道,並不斷從中學習或去和有經驗的人請益。

⬠ 金：資金

　　紅石文創一共有股東有四人，包括兩個主要負責資金挹注，以及兩人實際營運管理公司。之後還會找尋更多認同空間創業此一新趨勢的人，進來投資！

⬠ 水：互聯網思維

　　目前我們的互聯網策略是多渠道、多品牌，因為每個網站都有不同的屬性，每一個渠道對焦的TA都不一樣，所以要適時推出不同的品牌，同樣都是住宿，不能仰賴單一平台或網站，除了自己架構的網站之外，我們也會在591和各類租屋網，以及國外網站刊登租屋訊息，光是文案寫得不一樣，就會吸引到不一樣的人，現在還在不斷測試中，看怎麼樣曝光方式會有比較好的成效。

IDEAL BUSINESS 04

新創空間的10×10堂創業實作課：

SOHO、Co-working到裂變式創業，找到有趣的空間，連結有趣的人，創造有趣的事，還能賺錢

作者　張家銘
文字整理　Mimy Chen
責任編輯　張景威
攝影　Amily
封面、版型設計　我我設計工作室
美術設計　尚騰印刷事業有限公司

發行人　何飛鵬
總經理　李淑霞
社長　林孟葦
總編輯　張麗寶
叢書主編　楊宜倩
叢書副主編　許嘉芬
行銷企劃　呂睿穎
版權專員　吳怡萱

出版　城邦文化事業股份有限公司 麥浩斯出版
地址　104 台北市中山區民生東路二段 141 號 8 樓
電話　02-2500-7578
E-mail　cs@myhomelife.com.tw

發行　英屬蓋曼群島商家庭傳媒股份有限公司城邦分公司
地址　104 台北市中山區民生東路二段 141 號 2 樓
讀者服務專線　02-2500-7397；0800-033-866
讀者服務傳真　02-2578-9337
Email　service@cite.com.tw
訂購專線　0800-020-299（週一至週五上午 09:30 ～ 12:00；下午 13:30 ～ 17:00）
劃撥帳號　1983-3516　戶名：英屬蓋曼群島商家庭傳媒股份有限公司城邦分公司

香港發行 城邦（香港）出版集團有限公司
地址　香港灣仔駱克道 193 號東超商業中心 1 樓
電話　852-2508-6231
傳真　852-2578-9337
電子信箱　hkcite@biznetvigator.com

馬新發行 城邦（馬新）出版集團 Cite (M) Sdn Bhd
地址　41, Jalan Radin Anum, Bandar Baru Sri Petaling,
57000 Kuala Lumpur, Malaysia.
電話　603-9057-8822
傳真　603-9057-6622

總經銷　聯合發行股份有限公司
電話　02- 2917-8022
傳真　02- 2915-6275

新創空間的10×10堂創業實作課：SOHO、co-
working到裂變式創業,找到有趣的空間,連結
有趣的人,創造有趣的事,還能賺錢! / 張家銘著.
-- 初版. -- 臺北市 : 麥浩斯出版 : 家庭傳媒城邦
分公司發行, 2016.11
　　面；　公分. -- (Ideal business ; 4)
　　ISBN 978-986-408-225-4 (平裝)
　　1. 創業
494.1　　　　　　　　　　　　　　　105021061

製　版　凱林彩印股份有限公司
印　刷　凱林彩印股份有限公司
版　次　2016 年 11 月初版一刷
定　價　新台幣 360 元
Printed in Taiwan 著作權所有 · 翻印必究
（缺頁或破損請寄回更換）